思维力

思路决定出路，观念决定行动

比《六顶思考帽》《思维导图》更适合中国人的思维模式！

张 旭/著

THINKING
ABILITY

中华工商联合出版社

图书在版编目（CIP）数据

思维力：思路决定出路，观念决定行动 / 张旭著．
—北京：中华工商联合出版社，2013.11（2024.1重印）
ISBN 978-7-5158-0737-9

Ⅰ.①思… Ⅱ.①张… Ⅲ.①成功心理-通俗读
物 Ⅳ.①B848.4-49

中国版本图书馆 CIP 数据核字（2013）第 216430 号

思维力：思路决定出路，观念决定行动

作　　者：	张　旭	
责任编辑：	吕　莺　李伟伟	
装帧设计：	吴小敏	
责任审读：	郭敬梅	
责任印制：	迈致红	
出版发行：	中华工商联合出版社有限责任公司	
印　　刷：	河北浩润印刷有限公司	
版　　次：	2013 年 11 月第 1 版	
印　　次：	2024 年 1 月第 2 次印刷	
开　　本：	710mm×1000mm　1/16	
字　　数：	270 千字	
印　　张：	16.5	
书　　号：	ISBN 978-7-5158-0737-9	
定　　价：	68.00 元	

服务热线：010-58301130
销售热线：010-58302813
地址邮编：北京市西城区西环广场 A 座
　　　　　　19-20 层，100044
http://www.chgslcbs.cn
E-mail:cicap1202@sina.com（营销中心）
E-mail:gslzbs@sina.com（总编室）

前　言

目前的图书市场上,有关职场励志、企业管理的书籍可谓汗牛充栋,每一个有志于了解现代企业发展,学习一些职场实际经验提升自己的人,都渴望从书籍里获得"真经"。然而几乎所有的人逛书店时都有相似的经历——在名目繁多、眼花缭乱的书堆面前举棋不定,而在这方面,你大可放心的选择这本书。本书绝对是一本深入浅出、活泼生动、对不同阶层不同领域的人都颇有教益和启发性的好书!

众所周知,除了少数天才之外,大多数人的禀赋都相差无几。那么,是什么原因造成人与人之间的差距如此巨大呢?答案就是思路!

"股神"巴菲特曾说过这样的话:"榨出我1克脑汁,再加上16000元,我就可以创造出1000万的价值。"可见,思路之中蕴涵了何等重大的价值。

一个人没有技能,可以拜师学艺;没有知识,可以求学问道;没有金钱,可以筹借贷款……但一个人如果不善于思考,一切都无从谈起。

思路即头脑、思路即智慧、思路即用心……人之所以比机器高明,就是因为人在生活中自始至终有自己的思路,包括想法、创意、挑战、主动等等,正是这一区别成就了人生特有的价值。

如果成功是上帝对某类人的奖励的话,那么我们可以分析出太多成功的条件,诸如勤勉、敬业,诸如机遇、偶然性等等,但是在这本书的框架里,没有什么因素能比"思路"更为根本更为核心的了。

本书运用了大量生动、详实的个案,将在同类事项上不同的思路进行比较，从出路的差距中，说明了思维力的重要性。每个人的行为、做法都是主观思维在客观世界中的反映。思维主导着我们的行动，从某种程度上说，每个人的思想以及思维方式决定着这个人的现状和未来。

既然如此，在工作和生活中，我们就要采取一些科学的、高效的方法，让思维正确地指导自己的行为。而员工则需要在工作中重视思考，企业也需要在经营中重视思考。当然，这本书在具体的案例分析中，会非常具体地告诉人们应该如何做好思考。这本书不只让我们懂得思考的重要性，同时告诉我们要做到有效地思考、有目的有计划地思考，以及正面思考等方式方法。因此，本书是一本很有价值的书，值得每一位领导干部和员工学习。

在竞争越发激烈的今天，是痛苦地抱怨、无奈地等待，还是从现在开始好好地"思考"，用自身的智慧发现问题的核心和关键所在呢？相信这本书就是最精彩的诠释，好思路决定好出路，高效的思考工作，必然会使你拥有美好的前程！

因此，本书不仅适用于商海职场各界人士，也会使所有读过它的人颇有收获。

目 录
Contents

第三章　想到位做到位，工作是实现自我价值的舞台　　　　　/57

对于我们而言，工作到底意味着什么？它是一种生存的途径，还是实现自我价值的通路？是为生活所付出的代价，还是开创事业新天地、完成梦想的过程？是不得已而为之、终日到处奔波的忙碌，还是完成生命意义的方式？这是每一个人都需要思考的。

第四章　思路突破困境，在迷雾中看清目标　　　　　　　　/85

我们在工作与生活中常常会遇到下面这样的情况：

当你面对一个问题的时候，总是觉得这太难了，怎么也想不出解决的办法。

当你着急想去做一件事的时候，总是有许许多多的障碍摆在你的眼前，让你难以跨越。

当你想要做成一番大事业的时候，却发现手中的资源少得可怜，几乎没有对我们有利的条件，很难做大做强。

······

如果以上这些情况你都碰到过，那么毫无疑问，你已经遇到了发展的瓶颈，是急需突破的时候了。

这个时候我们该怎么办呢？我们该如何用有限的条件把事情办得最快、最好呢？

答案就是——思路突破困境。拥有了好的思路，就能够在迷雾中看清目标，在众多资源中发现自己的独特优势，即使是身陷困境，也能保持清醒的头脑，找到解决问题的方法。

第五章　懂人心知人性，学点思考术让你无往不利　　　/111

俗话说："得人心者得天下。"掌控人心就能掌控一切。可是，生活中你是否曾因无力说服别人而懊丧？是否曾被别人牵着鼻子走而浑然不觉？

面对纷纷扰扰的人际关系，你束手无策苦闷困惑，时常感叹为什么有些人就那么有心计？为什么有些人就那么有手腕？自己难道就只能傻乎乎地处于被动的境地吗？

相信你是心有不甘的。

其实，你大可不必为此而灰心丧气，也无需羡慕别人的交际能力，只要你懂人性，知人心，就会拨开迷雾见太阳，就能化被动为主动，就能明白人际交往中操纵与反操纵背后的秘密！

第六章　思考自己的定位,用自知洞察出路　　　　/149

人生犹如一张地图,必须找到目前你所在的准确位置并确定最终的目的地所在,才能描绘出一道清晰的生命轨迹。

"让世界退立一旁,让任何知道自己要往何处去的人通过",明确自己想要的人生,确定自己心中的未来,命运的钥匙就在自己的手心里。

第七章　用正向思考者的特质演绎自己的人生　　　　/181

所谓正向思考,就是在人们遇到困难或挫折时,大脑中所产生的一种将事件和感觉向积极方向牵引的思考,这种思考可以为我们带来强大的积极力量,帮助我们保持心态的平和与积极,使我们的心灵变得坚韧,充满弹性,能够接受一切困境,并企图找到方法改变现状。可以说,正向思考驾驭了我们的成功、快乐和幸福。

第八章　想好了就去做,准备好就能赢得成功　　　　/215

想好了,就去做——抱负再大志向再大,机会也只会垂青有备而来的人。

每一次差错皆因准备不足,每一项成功皆因准备充分。准备好能够使你赢得成功。

第一章 ■

思路决定出路，思考是成功的保证

思想决定行动，行动决定成功。思想是思考的结晶，而成功是行动的结果。

因此，想要变成成功人士，先得学会如何像一个成功人士那样思考！这样你的人生才不至于危机重重，你才能拥有强大的竞争力。

◎ 没有思考就行动，只能使一切陷入无序

一个年轻的猎人带着充足的弹药和擦得锃亮的猎枪去寻找猎物。老猎手们都劝他在出门之前把弹药装在枪筒里，他并没有听劝还是带着空枪走了。

"废话！"他嚷道，"我到达那里需要一个钟头，哪怕我要装100回子弹，也有的是时间。"

仿佛命运女神在嘲笑他的想法似的，他还没有走过开垦地，就发现一大群野鸭密密地浮在水面上。以往在这种情景下，猎人们一枪就能打中六七只，毫无疑问，够他们吃上一个礼拜的。可如今他匆匆忙忙地装着子弹，此时野鸭发出一声鸣叫，一齐飞了起来，很快就飞得无影无踪了。

他徒然穿过曲折狭窄的小径，在树林里奔跑搜索，但树林是个荒凉的

地方，他连一只麻雀也没有见到。

这人年轻猎人的运气还真是糟糕透顶，不幸的事情并没有结束，只听一声霹雳，大雨倾盆而下。猎人被淋得浑身上下都是雨水，但袋子里依旧空空如也，无奈之下猎人只得拖着疲乏的脚步回家去了。

那位年轻的猎人在看到猎物的时候才去装弹药，连作为一名猎手最起码的常识都没有，当然不可能有什么收获了。

没错，思考才是成功的保证！这一点在阿尔伯特·哈伯德的身上得到了很好的验证。

阿尔伯特·哈伯德有一个富足的家庭，但他还是想创立自己的事业，因此他很早就开始了有意识的思考。他明白像他这样的年轻人，最缺乏的是知识和必备的经验。因而，他有选择地学习一些相关的专业知识，充分利用时间，甚至在他外出工作时，也总会带上一本书，在等候电车时一边看一边背诵。他一直保持着这个习惯，这使他受益匪浅。后来，他有机会进入哈佛大学，开始了一些系统理论课程的学习。

又经过一次欧洲考察之后，他开始积极筹备自己的出版社。他请教了专门的咨询公司，调查了出版市场，并从从事出版行业的威廉·莫瑞斯先生那里得到了许多积极的建议。这样，一家新的出版社——罗依科罗斯特出版社诞生了。由于事先的思考工作做得好，出版社经营得十分出色。他不断将自己的体验和见闻整理成书出版，名誉与金钱相继滚滚而来。

阿尔伯特并没有就此满足，他敏锐地观察到，他所在的纽约州东奥罗拉，当时已经渐渐成为人们度假旅游的最佳选择之一，但这里的旅馆业却非常不发达。这是一个很好的商机，阿尔伯特没有放弃这个机会。他抽出时间亲自在市中心周围作了两个月的调查，了解市场的行情，考察周围的环境和交通。他甚至亲自入住一家当地经营得非常出色的旅馆，去研究其经营的独到之处。后来，他成功地从别人手中接手了一家旅馆，并对其进行了彻底的改造和装潢。

他接触了许多游客，从那些游客处了解了他们的喜好、收入水平、消费观念等。根据他自己的调查，发现这些游客正是对于繁忙工作的厌倦，才在假期来这里放松的，他们需要更简单的生活。因此，在旅馆装修时他让工人制作了一种简单的直线型家具。这个创意一经推出，很快受到人们的关注，游客们非常喜欢这种家具。他再一次抓住了这个机遇，于是一个家具制造厂诞生了。家具公司蒸蒸日上，也证明了他思考工作的成效。同时他的出版社还出版了《菲利士人》和《兄弟》两份月刊，其影响力在《致加西亚的信》一书出版后达到顶峰。

我们可以看到，阿尔伯特的成功是建立在充分的思考基础上的，所以他才能够在面临机遇时果断出击，正是思考意识成就了他事业的辉煌。

阿尔伯特深深地体会到，思考是执行力的前提，是工作效率的基础。因此，他不但自己在做任何决策前都认真思考，还把这种好习惯灌输给他的员工。

然而所有的一切都在1915年与被德国水雷击沉的路西塔尼亚号轮船一同沉入了海底，过早地结束了。刚刚而立之年的小伯特·哈伯德接管了罗依科罗斯特公司。小伯特完全丢掉了父亲阿尔伯特赖以成功的思考意识，丢掉了"思考第一"的企业文化，从而使原本欣欣向荣的企业走向没落。虽然，小伯特养成了勇往直前的战斗精神和积极主动的工作态度，但他的这一特质也造成了他忽视思考，盲目冲动。

当阿尔伯特发现了小伯特这一致命的弱点后，就经常提醒他："思考赢得一切！一个意识不到思考的重要性的人，无论做什么都不会成功。"但是，小伯特却从没有把父亲的话真正放在心上，他认为思考太简单了，根本不像父亲所说的那样玄妙，一个人要想成功，只要勤奋、敬业就成了。

阿尔伯特去世后，面对家族企业中繁重的工作，小伯特毫不畏惧，他立志要完成父亲还没有完成的事业。于是，小伯特每天工作都在12个小时以上，面对困难永远勇往直前，忙碌的程度远远超过了他的父亲。

但是，他的劳动却没有得到回报，漠视思考的弊端很快显现了出来。他对图书的构成和运作规律一无所知，也根本没有去留意过家具市场的变化和风险，当然就更谈不上什么成熟的思路。日益忙碌的他悲哀地发现，他付出的努力几乎没有任何价值，企业开始走上了下坡路。

当时，管理层的意见又极不统一，这更让小伯特无从下手。他不熟悉公司的业务，不懂市场，公司很快陷入了混乱状态。由于小伯特的原因，公司原本形成的"思考第一"的企业文化已经荡然无存，员工们也开始像小伯特一样，什么事情都是先做了再说。长此以往，工作效率自然极其低下，使得公司的危机不断扩大。

阿尔伯特因对思考的极度重视而赤手打下一片天地；小伯特因对思考的重要性浑然无知，白白地葬送了一个企业。

父子两个人的不同结局告诉我们：思考是一切工作的前提。只有充分地思考才能保证工作得以完成，而且做起来更容易；相反，没有思考的工作是毫无头绪的，也无法判断结果，当然会留下许多漏洞和隐患，失败也就不可避免了。

没有思考，就去行动，只能使一切陷入无序，最终面临失败的局面。

一个缺乏思考的人一定是一个差错不断的人，纵然他具有超强的能力，遇到千载难逢的机会，也不能保证获得成功。

◎ 你越轻视思考，失败就会越"重视"你

坦率地说，任何人都不愿意面对失败。当技术人员发现自己辛辛苦苦开发的软件被证明是漏洞百出时，当销售人员费尽唇舌依然没有签到合同时，当一个管理者发现自己的团队是一盘散沙时，那种沮丧、失落的心情确实令人难过。也许他们可以用无数个理由来为自己开脱，什么运气不好，一时疏忽，配合不当等等。但事实可以告诉我们，隐藏在这些失败背后的真正原因就是：思考不到位。

在吸引了几乎全世界人眼球的拳坛世纪之战中，当时正如日中天的泰森根本没有把已年近40岁的霍利菲尔德放在眼里，自负地认为可以毫不费力地击败对手。同时，几乎所有的媒体也都认为泰森将是最后的胜利者。美

国博彩公司开出的是22赔1泰森胜的悬殊赔率，人们也都将大把的赌注押在了泰森身上。

在这种情况下，认为已经稳操胜券的泰森对赛前的准备工作——观看对手的录像，预测可能出现的情况及应对措施，充足的睡眠和科学的饮食都敷衍了事。

但是，比赛开始后，泰森惊讶地发现，自己竟然找不到对手的破绽，而对方的攻击却往往能突破自己的漏洞。于是，气急败坏的泰森做出了一个令全世界人都感到震惊的举动：一口咬掉了霍利菲尔德的半只耳朵！

世纪大战的最后结局当然是：泰森成了一位可耻的输家，还被内华达州体育委员会罚款600万美元。

泰森输在思考得不够，当霍利菲尔德认真研究比赛录像，分析他的技术特点和漏洞时，泰森却将教练提供的资料扔在了一边；当对手在比赛前拼命热身，提前进入搏击状态时，他却在和朋友一起狂欢。虽然泰森的实力确实比对手高出一筹，从年龄上也占尽了优势，但他最后却输得一败涂地。

思考太重要，但也太平常了。我们大家几乎每天都生活在思考之中，比如，思考中午吃什么饭，思考晚上回家走哪条路才能快一点……正是因为如此平常，所以，我们对它的重要性视而不见。

只有当思考的习惯成为你身体的一部分时，它才会永远在那里，并帮助你取得令人惊讶的胜利。

我们以宝洁公司生产的婴儿纸尿布为例，它的销售市场遍及世界各地，在德国和中国香港市场都一度非常畅销。

但好景不长，不久，德国的销售点向总公司汇报：德国的消费者反映，宝洁公司的尿布太薄了，吸水性能不足。而中国香港的销售点却向总公司汇报：香港的消费者反映，宝洁公司的尿布太厚了，简直就是浪费。

总公司感到非常奇怪：为什么同样的尿布，会同时出现太薄和太厚两种情况呢？这让公司的管理人员有点摸不着头脑。

其实，这是宝洁公司的产品开发人员在设计产品时缺乏应有的准备，对产品销售的不同市场没有经过细致的调研和考察所造成的。

在总公司通过详细的调查后发现，同时反映太薄和太厚的原因，是德国和中国香港的母亲使用婴儿尿布的不同习惯所致。虽然中西方婴儿一天的平均尿量大体相同，但德国人凡事讲究制度化，完全按照规矩行事，德国的母亲也是如此，早上起来的时候给孩子换一块尿布，然后就这么一整天都不会去管他，一直到了晚上才会再去换一次。于是，宝洁公司的尿布相对于这样的情况明显就显得太薄了。可是香港的母亲却是把婴儿的舒适当作头等大事，孩子只要尿布湿了就会换上一块新的尿布，一天不知道要换多少次，所以宝洁公司的尿布在这里就显得太厚了。

显然，宝洁公司的产品开发人员并没有考虑到产品市场中不同国家之间的文化差异，在设计新产品的时候没有做好相应的准备工作，结果弄得怨声载道，使宝洁公司蒙受了不少的经济损失。

产品开发人员忽视了对不同地域使用尿布习惯的调研，等待他们的就是无情的市场风险。曾经省下的调研成本，现在却要付出十倍、百倍甚至千倍的代价。

这就是"凡事预则立，不预则废"的道理。也有力地论证了，你越"轻视"思考，失败就会越"重视"你。

也许有人会说：思考得越久就会越犹豫不决，我们要的是行动！立即行动！他们并没有意识到，使行动真正有效的，恰恰就是思考。俗话说："三思而后行"，是有一定道理的。

一次，罗文和几名士兵接受一项运输一批重要的军用物资的任务。接到任务后，罗文利用出发前的时间，了解了途经道路的情况，查看了途经地区以往的气象资料，并做了详细的记录和分析。罗文从资料中分析到，途经地区的雨季即将来临。为了安全，罗文决定提前1小时出发。顺利的话，他们可以在天黑之前通过最险的路段，这样就可以避免万一下雨造成的泥石流和山体滑坡的危险情况。

而恰恰是这提前的1小时救了他们。由于行使途中，一辆汽车轮胎被尖利山石扎破耽误了时间，这时又天气突变，眼看大雨就要来临，他们只得拼命赶路，等最后一辆车冒雨驶离盘山路不久，后面的一段路就塌掉了。第二天，他们顺利抵达目的地，从众人惊异的目光中得知，昨天他们经过的地方由于泥石流，发生了惨重的伤亡事故。

如果罗文按原计划出发，那事故就无法避免了。正是提前准备让他做出了正确的决定，保证了任务的完成。

只有真正理解了这一点，才能在成功的路上少走弯路。有这样一个故事就很好地说明了这一点。

从前，有两个教士——威廉和汤姆，住在相邻的两座山上的教堂里。山间有一条小溪，他们每天都会在同一时间去溪边挑水。就这样一晃5年过去了。5年后的一天，汤姆没有下山挑水，威廉没有过多地在意。谁知第二天，汤姆也没出现，第三天也一样。就这样过了1个月后，威廉终于按捺不住了，要去看个究竟。

威廉来到了汤姆的教堂，看到汤姆正在十字架前祈祷。威廉好奇地问汤姆："你已经1个月没有下山挑水了，难道你可以不用喝水吗？"汤姆笑着说："我带你去看看，你就会明白了。"于是，汤姆带着威廉走到教堂的后院，指着一口水井说："这5年来，我每天做完祈祷后，都会抽空来挖这口井。虽然我们现在年轻力壮，尚能自己挑水喝，倘若有一天我们都年迈走不动时，我们还能自己挑水喝吗？又会有谁能为我们挑水喝？所以，我从没有间断过我的挖井计划。现在终于成功了，我不必再下山挑水了。我可以有更多的时间，来做我喜欢做的事情。"

威廉听后很是后悔，自己为什么就没有想到呢？

挖一口属于自己的井，为以后的工作和生活做好准备，就可以让工作更轻松，生活更美好。要保证我们在今后的日子里天天有水喝，而且还能喝得很悠闲，还能源源不断，就要具备事先"思考"的意识——没有什么能比忙忙碌碌更容易，但很多人没有考虑到，这种忙碌后的效果如何。要知道，缺乏准备的忙碌只是在白费力气。

汤姆的做法和罗文的做法不谋而合，汤姆的准备使他在有生之年都可以不再为水源的问题发愁，而罗文的准备让他成就了美国战争史的一段辉煌。

其实，许多看似偶然的事件都包含着必然的因素，而准备却可以使偶然出现的机会变成必然的成功因素。让一个人去做一件没有准备好的事情，那么，这件事的失败在行动前就已经注定了。

◎ 能防患未然于前，远胜治乱于已成之后

春秋时，魏文王有一天求教于名医扁鹊："据说你家中兄弟三人，全都精于医术，那么谁是医术最高明的呢？"

扁鹊答道："大哥最好，二哥次之，而我是最差的。"

魏文王不解地说："爱卿谦虚了吧，既然你是最差的，为何名气却是兄弟之中最大的呢？"

扁鹊解释说："大王您有所不知。大哥治病，多是在病情发作之前，那时候患者还觉察不到，但大哥却早已当机立断，把疾病灭之于无形。当然，这也使得大哥的医术纵然盖世无双，也难以被世人认可。"

"二哥治病，多是在发病初期、症状尚不明显、患者尚未太过痛苦之时。这时候，二哥往往能够及时铲除病根。但也正因如此，乡里之人都认为二哥只是治疗小病小痛颇为灵验。"

"而我治病，大都是在其病情十分严重之时，此时患者通常痛苦万分，患者家属则心急如焚。这时候，他们看到我在经脉上穿刺、放血，或在患处敷药以毒攻毒，动大手术直指病灶，使重病患者的病情得到缓解或者治愈。于是，我便侥幸得以闻名天下了。其实，跟大哥和二哥相比，我的医术还差得很远。"

扁鹊这番话无疑是在告诉我们："最高明的医术，不是事发后治疗，而是事前控制。"这也对魏文王暗示了一个道理：作为一个成功人士"能防患未然于前，远胜治乱于已成之后。"

不少人都习惯于等到错误的决策和做事的结果已造成了重大的损失之后，才慌慌张张地去弥补，即使补救成功了，浪费掉的财力、物力、人力、

时间也比事前控制要多得多：工作失误要花时间来修正、产品质量出现问题要花时间来返工、技术不过关要靠培训来弥补……也就是说，一个本来用1天时间就可以完成的工作，却要花费很多人1周的时间来完成。一个原本可以花费1块钱生产出来的优质产品，却要很多人在弥补产品质量的问题上再花费1块钱！

在世界著名企业的危机管理中，有一个著名的反面案例。

1999年6月9日，在比利时有120人（其中40人是学生）在饮用可口可乐之后出现了中毒症状：呕吐、眼花以及头痛。同时，法国也有80人出现了同样的症状。

已经拥有113年历史的可口可乐公司，遭遇了历史上罕见的重大危机。在现代传媒十分发达的今天，企业发生的危机可以在很短的时间内迅速而广泛地传播，其负面作用可想而知。

可口可乐公司立即着手调查中毒原因、中毒人数，同时收回了某些品牌的产品，包括可口可乐、芬达和雪碧。

一周后中毒原因基本查清：比利时的中毒事件，是由于安特卫普工厂的包装瓶内误入二氧化碳所致；而法国的中毒事件，是由于敦克尔克工厂的杀真菌剂洒在了储藏室的木托盘上而造成污染。

从结果来看，事故跟可口可乐本身并没有太大的关系。但真正的问题却是，早在事情发生前，可口可乐公司总部就得到过很多消息，反映可乐引起的呕吐事件及其他不良反应。但可口可乐公司却只是在公司网站上粘贴了一份相关报道，报道中充斥着没人看得懂的专业词汇，也没有任何一个公司高层管理人员出面，对事件的中毒者表示深度关切，或者呼吁公司启动危机管理方案！

这种举动，无疑触怒了公众。结果，消费者认为可口可乐公司没有人情味。很快，两国的消费者不再购买可口可乐公司的软饮料，而比利时和法国政府还坚持要求可口可乐公司收回其所有产品。

公司这才意识到问题的严重性，事发后的第10天，可口可乐公司董事会主席兼首席执行官道格拉斯·伊维斯特从美国赶到比利时首都布鲁塞尔，一边举行记者招待会，一边展开了强大的宣传攻势……

这次危机事件令可口可乐公司的企业形象和品牌信誉受到极其严重的打击，其无形资产遭受严重的贬值，企业的生存和发展一度遭到了几乎致命的冲击：1999年年底，可口可乐公司宣布年利润减少了31%，公司不得不花巨资做危机后的广告宣传和行销活动。而竞争对手抓住这一机会，迅速地填补了可口可乐在各个地方货架上的空白，并向可口可乐公司49%的市场份额发起了挑战，致使可口可乐公司全球总损失达到1.3万亿美元，几乎是最初预计的两倍。公司在全球范围内共裁员5200人，董事会主席兼首席执行官道格拉斯·伊维斯特被迫辞职……

显而易见，事件的根源是由于做事被动引起的，如果当初在比利时安特卫普的生产工厂里，只要有员工发现包装瓶内含有二氧化碳，或者不让二氧化碳进入到瓶内，比利时的中毒事件就无从谈起。

法国的中毒事件也是如此，如果在敦克尔克的工厂里，那些杀真菌剂没有洒在储藏室的木托盘上，就不会造成对可乐的污染，那么，后来的一系列麻烦，根本就不会存在。

更可怕的是，总公司没有从一开始就积极主动地应急处理，从而使事件越闹越大，最终差点就让这家百年企业面临倾覆的命运。

一些人往往认为，在做事过程中遇到什么问题就解决什么问题，不用在做事之前就费那么大的功夫去思考。恰恰就是这些人的这种观念、态度和做事方式，造成了事情总是挂一漏万、错误百出，就像前文说到的等到病重了才让扁鹊治病一样。

企业也许需要"万金油""救火队员"式的员工，但是更需要那种可以未雨绸缪，防患于未然的人，因为重复和返工总是损失惨重的！

任何优良的习惯和方法，如果不能在我们内心产生明确的意识和理念，即使再好的道理都有可能被人熟视无睹。

如果你真的认识到了这个理念，那么，建议你从明天早上起，对一天将要做的事情想一想，主动制订个计划，而不是在慌慌张张地盲目动手之后，才去思考。

◎ 要思考事物的本质，而不是思考事物的形式

每一个人都天生具有思考的能力，思考表象很容易，但剥离表象的掩盖去思考真理却要难得多，其中需要付出的努力远远超过做其他的任何事情。

要做到正确的思考就要思考真理，而不是思考表象，要思考事物的本质，而不是思考事物的形式。

"思想有多远，路就有多远"，正如这句鼓舞人心的广告语所说，一个人能走多远，取决于他能想多远。一个人成功的程度，取决于他的胸襟和眼界的广阔程度。放眼现实世界，世界首富比尔·盖茨、科学奇才霍金、香港华人首富李嘉诚、财富黑马太平洋严介和、阿里巴巴总裁马云、著名功夫演员成龙……这些人的辉煌和成功给我们留下很多思考：为什么他们能在众人中脱颖而出，创造奇迹呢？究其原因，就是因为他们身上具有一种东西——那就是与众不同的思路，独一无二、深彻独特的思想精神，所以他们改变了自身的命运，也改变了这个世界。

正确的思路，好的思路，可以影响和改变很多东西，甚至可以改变一个人、一个企业乃至一个民族、一个国家的命运。

现实是最英明的裁判。张瑞敏总结提出的"没有思路就没有出路"的思想理念，如今已经成为海尔集团的重要战略理念，这个重要的战略理念也是海尔独有的创新文化之一。正是在一系列科学而先进的创新观念的指导下，在20余年的时间里，海尔从一个亏空147万的街道小厂，发展成为全球营业额上千亿人民币的国际化大企业，20年间走过了世界同类企业100年甚至更长时间走过的路。奇迹般的业绩，不仅使海尔成为国内企业中的佼佼者，而且也成为世界企业中的佼佼者，创造了一个令世界震惊的"海尔神话"。

海尔还有一个思路——只有淡季思想，没有淡季市场。

七八月份是洗衣机的销售淡季，海尔经过市场调查分析得出结论：不是夏天客户不买洗衣机，而是没有合适的洗衣机。夏天要洗的衣服也就是一件衬衣、一双袜子之类的东西，用容量5公升的洗衣机，既费水又费电，非常不合算。据此，海尔开发了一种夏天用的洗衣机，是当时世界上最小的洗衣机，容量为1.5公升，而且有3个水位，最低的洗两双袜子也可以，这个产品一下子就在西方畅销开了。

从1995年开始生产洗衣机到现在，海尔洗衣机的销量在全国始终排名第一，主要原因就是，海尔人的新思路创造了领先的产品，打开了洗衣机销售的新出路。对此，张瑞敏说："我们卖给消费者的，绝对不是一个产品，而是一个解决方案。"

在服务思路这方面，三联书店也颇有见地。

三联书店始终以邹韬奋先生创办生活书店的宗旨——"竭诚为读者服务"为店训，强调经营管理，长期以"读者的一位好朋友"自视，早在1935年就开办了电话购书业务，以方便读者。三联书店之所以能吸引不同阶层的人士，除了自身的商誉之外，主要得益于它的服务思路、服务态度和服务水准。

三联书店的管理者和经营者谙熟一个道理：在商战中，竞争对手之间以能否获得更多顾客青睐决定胜负，因此，他们始终在变化经营思路、服务思路。三联书店的服务融入整个店面中，自然、平和、贴切，令人宾至如归。比如，人性化的高度和宽度，让人平静、放松的背景音乐，对读者无为而治的管理方式等。这些服务措施将书店变成了沙漠中的绿洲，让都市人在喧闹中获得了宁静、享受到了自由、汲取了知识。调查显示，开发一位新客户，要比留住一位老客户多花5倍的时间。当客户的基本生活需求满足之后，客户期待的不仅仅是产品和价格，更重要的是服务和尊重。

美国一对青年夫妇在用奶瓶给婴儿喂奶时，发现市面上出售的奶瓶太大，8个月以下的婴儿都无法自己抱住奶瓶吃奶。女方的父亲恰好是一家工厂烧焊产品的检查员，听到他们的抱怨，便顺口说，最好在奶瓶两边焊上瓶柄，婴儿就能双手抓着吃奶了。一句话启发了这对青年夫妇，他们设法将圆柱形的奶瓶改制成圆圈拉长后中间空心的奶瓶，投放市场销售。结果60天内卖出5万个奶瓶，开业的第1年就收入150万美元。不经意间的一个小小的思路，创造了一个不小的奇迹。

一个小小的改变，一个新的思路，往往会得到意想不到的效果。我们在日常生活中，千万别失去思考力，要打开脑袋，创新思路，接受新知识、新事物。思路变，观念变，局势就变，结果自然大不相同。因循守旧、墨守成规，无论何时何地都没有前途。正所谓："要有出路就必须有新的思路，要有地位就必须有所作为，只有敢为人先的人才最有资格成为真正的先驱者。"

伟大的改革设计师邓小平有一句名言："思想再解放一点，胆子再大一点，步伐再快一点。"

在创业过程中，如果你想要开拓财路，不光要具备审时度势的头脑与眼光，还要能及时打破思想，提升意识形态，更新思路，在思想上创新。我们常说，有什么样的思路，就有什么样的行为；有什么样的行为，就有什么样的出路；有什么样的出路，就有什么样的命运，所谓"思路决定出路，出路决定财路"正是这个道理。

◎ 3种方式教你打破思维定式，创造性地开拓市场

罗兰大师说："市场不是缺少商机，而是缺少发现。"

面临激烈的竞争，我们要勇于打破思维定式，创造性地开拓市场，善于另辟蹊径，巧妙经营，以最快的速度赢得主动权，赢得胜利。

下面教你3种打破思维定式的方法。

第一，学会联想思维。

联想思维好比所罗门大帝的宝藏，而联想思维的训练就是挖掘这个宝藏所进行的考古过程。

我们要先确立这个宝藏的所在，有一个好的起点，然后要依靠知识和技能设想挖掘这个宝藏要遇到的困难，也许我们会遇到机关陷阱，也许我们会看到海市蜃楼，也许会有守殿的骑士阻碍我们的行程。当然我们的训练与考古相比具有绝对的安全性，可是训练的过程却可以像考古一样充满奇趣。随着联想思维的拓展，你会为自己的想法而惊奇！这个过程不会是枯燥的体育锻炼，也不会是抓破头皮的数学计算，可是需要你绞尽脑汁去想你从来未曾想过、以及你觉得根本不可能的问题，一切奇怪的意念也好，惊世骇俗的想法也罢，我们要的就是这样的效果！

法国格洛阿是位天才数学家，有一天，他去找朋友鲁柏，来到罗威艾街的1幢4层楼的公寓，走进2楼9室，看门的女人这样告诉他，鲁柏先生在两星期以前就死了，是被人用刀子刺死的。鲁柏先生父母刚寄来的钱也被偷去了，犯人还没有抓到。

这女人抽了抽鼻子继续说："鲁柏是我的同乡，我每次做馅饼，总要给他尝尝，他死的时候，两手还紧紧握着没吃完的半块饼。警察也感到迷惑，一个腹部受了重伤都快要死的人，为什么要抓住那小块饼呢？"

格洛阿问："有没有犯人的线索？"

看门的女人回答："请说得轻一点，犯人肯定住在这幢公寓里。出事前后，我都在值班室里，没见有人进这公寓。可是这公寓有60个房间，上百人……"

格洛阿发动"脑细胞"，帮助寻找杀害他朋友的凶手。默默地过了几分钟后，格洛阿问："3楼有几个房间？"看门的女人答："1号到15号"。

然后格洛阿让看门的女人带她去看，走到3楼的走廊尽头的时候，这位数学家问道："这房间住的是谁？"看门女人说："是个叫朱塞尔的人，是个浪荡子，爱赌钱，好喝酒，他昨天已经搬走了。"

"糟糕！这个家伙就是杀人犯！"格洛阿下了断语。后来朱塞尔落入了法网，证实这事确实是他干的。

大家来猜猜看，格洛阿是如何得出这样的结论的？其实他的思路是这样的：被害人手里紧握着的馅饼是一种暗示，馅饼英语叫"pie"，而谐音在希腊语就是"π"。大家知道它代表圆周率，即3.14，这块馅饼所暗示的就是凶手住在3楼14号房间。鲁柏先生也喜欢数学，这就是他临死时极力想留下的有关凶手的线索。

第二，在逆向思维中感受"柳暗花明又一村"。

逆向思维几乎在所有领域都具有适用性，从本质上讲，它是客观世界的对立统一性和矛盾的互相转化规律在人类思维中的表现，当常态思维"山穷水尽疑无路"时，将思路反转，有时会意外地"柳暗花明又一村"。

1999年3月1日《新民晚报》赫然登出一则标题为"灵机一动，省下亿元——超大型船将倒航进出宝山港池"的消息。介绍了上海港一位高级领航员利用逆向思维提出了超大型船舶不用掉头而是倒进港的金点子。文章说，随着上海港集装箱运输的迅猛发展，进行集装箱装卸的主要港区张华浜码头和军工路码头能力已经饱和。而宝山港池却因掉头区和部分航道太"窄"的限制，重载超大型船舶卡在港池外面，面临"吃不饱"的窘境，集装箱吞吐量日益萎缩。为此，上海召开了多次专家会议，大都认为要想解决这一问题难度极高、花费巨大。当时以特邀身份参加会议的上海港引航站站长、高级引航员杨锡坤用逆向思维的方法大胆提出与众不同的新设想：用倒航的办法将超大型集装箱船引入宝山港池，这就一举解决了超大型船体掉头难的问题，这一方案不仅可以免去原扩建港口工程的上亿元费用，而且能大大缩短船公司的运期。

上海集装箱码头有限公司闻此"金点子"欣喜万分，当即委托设计单位按倒航方案重新规划。1998年12月28日，在宝山港区超大型船舶进出港池可行性研究项目论证会上，专家组认为，倒航可行性研究立题具有创新精神，设想大胆新颖，具有在全国各港口推广的价值。

逆向思维是一种辩证思维，它不同于一般的逻辑思维形式，他要求人们跳出单向的线性推导路径，在逻辑推理的尽头突然折反，思路急转直下。作为一种特有的生存智慧，处处能产生出奇制胜的效果。

某次，欧洲男子篮球赛的半决赛在保加利亚和捷克斯洛伐克两队之间进行。

这场旗鼓相当的比赛异常激烈。离比赛结束时间还差8秒钟时，保加利亚队领先2分，而且还是保队底线开球。看来保加利亚队已是稳操胜券。可奇怪的是，保队的教练忧心忡忡，倒是捷克斯洛伐克的教练挺开心。为什么呢？原来，保加利亚其他场次小分不如捷克队，这场比赛净胜捷克斯洛伐克队5分才能出线。而要在8秒的时间内打进3分真是太难了。

这时，保加利亚队的教练果断地要了暂停，面授机宜后，比赛继续进行，只见两位保加利亚队员从底线开球后，开始将球带往中场，这时，5名捷克队员全都退回到自己的半场进行防守。突然，带球的保加利亚队员一个大转身，纵身一跳，将球投中自己的篮球框。裁判的哨音也几乎同时吹响了。全场比赛结束，双方战平。根据比赛规则，必须加赛5分钟。

最后5分钟，保加利亚队士气高昂，全力相拼，终于不多不少地以5分的优势赢了这场比赛，拿走了决赛权。到这时人们才恍然大悟，不得不佩服保加利亚教练的高明。

保队教练在这关键时刻出的奇招，完全超出了捷克队、裁判以及现场观众的想象，甚至超出了比赛规则的正导向，它用相反的思路打破了人们正常的逻辑方向。经验被逆向思维所超越。

逆向思维的最大特点就在于改变常态的思维轨迹，用新的观点、新的角度、新的方式研究和处理问题，以求产生新的思想。

手岛佑郎是一个先后在以色列和美国钻研犹太商法达30余年的博士。一次，他做了题目为《穷，也要站在富人堆里?!》的演讲。演讲中，他一一例举了犹太商法的32种智慧。这时，一个迟到的听众递上一张纸条，问到底什么是犹太商法。

手岛佑郎毫不思索，大声说道：我在解释之前，先向你提3个问题吧。

第一个问题：如果有两个犹太人掉进了一个大烟囱，其中一个身上满是烟灰，而另一个却很干净，那么他们谁会去洗澡？

听众一笑："当然是那个身上脏的人！"

手岛佑郎也是一笑："错！那个被弄脏的人看到身上干净的人，认为自己一定也是干净的，而干净的人看到身上弄脏的人，认为自己可能和他一样脏，所以是干净的人要去洗澡。"

第二个问题：他们后来又掉进了那个大烟囱，情况和上次一样，哪一个会去澡堂？

听众皱了皱眉："这还用说吗，是那个干净的人！"

手岛佑郎还是一笑："又错了！干净的人上一次洗澡时发现自己并不脏，而那个弄脏了的人则明白了干净的人为什么要去洗澡，所以这次弄脏的人去了。"

第三个问题：他们再一次掉进大烟囱，去洗澡的是哪一个？

听众这次谨慎多了，支吾："这……是那个弄脏了的人。不，是那个干净的人！"手岛佑郎大笑："你还是错了！你见过两个人一起掉进同一个烟囱，结果一个干净、一个脏的事情吗？"

犹太人从商的英名如此享誉世界，不可不说其反复逆向的换位智慧已经至臻至极。方位逆向，交换的可能只是物理的位置，获得的却是不可逆的、宝贵的时间。

人与人在思维上的方位逆向，在生活中更能体现出达观机智的精神以及幽默的效果。

有一家人决定搬进城里，全家共三口人，包括一对夫妻和一个5岁的孩子。他们跑了一整天，直到傍晚，才好不容易看到一张公寓出租的广告单。于是，夫妻俩前去敲门询问，可房东遗憾地说："啊，实在对不起，我们公寓不招有孩子的住户。"

夫妻俩听了，一时不知如何是好。默默半晌，走开了。

那5岁的孩子，看到了事情的全部经过。忽然，他跑了回去，又去敲房东的门。门开了，房东又出来了。只见孩子精神抖擞地说："爷爷，这房子我租了。我没有孩子，只带着两个大人。"

房东听后，高声笑了起来，决定把房子租给他们住。

同一个意思同一群人，但是"两个带着孩子的大人"和"一个带着两个大人的孩子"这样简单的逆向表述，竟然用简单的语序换位让房东答应了不合理的要求。这个聪慧的孩子巧用"方位逆向"为自己带来了幸福。

第三，思维偏移也是突破性发现的好方法。

思维偏移也称换轨思维。有一个非常典型的故事解释了这种思维方式。

第二次世界大战后，美国建筑业大发展，导致泥瓦工人一时供不应求，他们每天的工资涨到了15美元。一个叫麦克的人看到许多"征泥瓦工"的广告，但他却不去应征，而是去报社登了一条"你也能成为泥瓦工"的广告，他打算培训泥瓦工。于是他租了一间门面，请了师傅，教材则是1500块砖和少量砾石。那些想每天挣15美元的工人蜂拥而至，这使麦克很快获得了3000美元的纯利，相当于他自己去当泥瓦工200天的收入。他独特的思维方式使他迈进了管理者的阶层。

当所有的思考都涌向某一方向时，最聪明的头脑是：清醒地反思一下，看看还有没有别的思路。因为现在社会发展的趋势告诉我们，若想挣钱，需要有独特的智慧而不是简单地随大流。

换轨思维是一种工具，但同时又是一种境界，具有普遍的文化价值。下面这道国外课堂上的例题具有一定的象征性，对于不同文化背景的人而言，结论可能不一样。

一个风雨交加的夜晚，某人驾车在乡村公路上行驶。这时，他看见有3个人正在路边焦急地等着搭便车：一个是患了重病的老太太，一个是救过自己命的医生，一个是自己心仪已久的漂亮女郎，而此时此车只能搭载一人，问，第一个应该搭载谁？

有趣的是，在国外学习的一些中国留学生对于这道题目，往往很难下结论。因为在他们面前，第一反应是文化性的，即在国内多年"先人后己"教育下的结论要"无私"，然后才是两难的伦理选择：先救病人还是先救医生？至于漂亮女郎，表面上只能放到最后选择，因为这符合我们的伦理秩序。

然而，有些国外学生竟然做出了这种巧妙的回答——把车钥匙交给医生，让他送老太太去医院，自己则陪漂亮女郎一起在风雨中前行。

思维阻滞现象常常是因为思考过于专注在某一特定焦点和既定的轨迹上，那么，要想获得突破性发现，最好的办法就是思维偏移，即从主流方

向稍作偏移，以寻找新的出路。

孙膑是我国古代著名的军事家，他的《孙膑兵法》到处蕴含着变通的哲学。孙膑本人也是一个善于变通的人。

孙膑初到魏国时，魏王要考查一下他的本事，以确定他是否真的有才华。

一次，魏王召集众臣，当面考查孙膑的智谋。

魏王坐在宝座上，对孙膑说："你有什么办法让我从座位上下来吗？"

庞涓出谋说："可在大王座位下生起火来。"

魏王说："不行。"

孙膑说："大王坐在上面嘛，我是没有办法让大王下来的。不过，大王如果是在下面，我却有办法让大王坐上去。"

魏王听了，得意洋洋地说："那好，"说着就从座位上走了下来，"我倒要看看你有什么办法让我坐上去。"

周围的大臣一时没有反应过来，也都嘲笑孙膑不自量力，等着看他的洋相呢。这时候，孙膑却哈哈大笑起来，说："我虽然无法让大王坐上去，却已经让大王从座位上下来了。"

这时，大家才恍然大悟，对孙膑的才华连连称赞。

魏王从此也对孙膑刮目相看，孙膑很快就得到魏王的重用。

最后，在任何时候，都不要小看你脑子中一闪而过的那些想法，哪怕是看起来荒诞不经的可笑的念头。因为那都是瞬间迸发出的思维火花。

一个生动而强烈的意象、观念突然闪入一位作家的脑海，使他生出一种不可阻遏的冲动，想要提起笔来，将那美丽生动的意象、境界诉诸笔端。但那时他或许有些不方便，没有立刻就写下来。尽管那个意象不断地在他脑海中闪烁、催促，但因为他的拖延使那意象逐渐地模糊、退色，终至整个消失！

一个神奇美妙的印象突然闪电一般地袭入一位艺术家的心灵。但如果他不立刻提起画笔，将那深刻的印象表现在画布上，就算这个印象占领了他全部的心灵，此刻的印象十分清晰，但是如果他总是不在意，不急着跑进画室,埋首挥毫,最后这幅神奇的图画就会渐渐地从他的心灵中消失!

许多灵感都产生在"非常"的场合或时间,甚至在梦中。当灵感到来之时,它是这样的强烈而生动;当它离去之时,又是这样的迅速而飘忽! 如果不及时抓住,它就会像一只狡猾的狐狸般溜掉。

爱迪生曾经这样呐喊:"一个人应当更多地发现和观察自己心灵深处那一闪即逝的火花。"

关于牛顿与苹果的故事流传很广。1665年,在一个美丽的月夜,牛顿正坐在院子里,好像在思考什么。突然一只苹果落到地上,打断了他的思路。爱想、爱问、爱思考的牛顿把思路转向了苹果,他想,为什么苹果不能飞到天上去,而是落在地面上? 那可能是因为苹果熟透了,它离开了树枝无可依靠才向下面坠落;那可能就是因为大地对苹果有吸引力,所以它才被吸到地面上来。我们人不也是一样吗? 地面上的东西不都是一样吗? 都是紧紧被地面吸住而不能离开。但是天上的月亮为什么不掉下来呢? 它也是挂在空中,无依无靠,是不是也应该落到地上来呢? 可事实并不是这样,那是什么道理呢? 这一连串的问题叩响了牛顿的心扉,他紧追不放,一定要搞个明白。经过长期的研究,终于发现了自然界最大奥秘之一的万有引力定律——牛顿运动第三定律。

更有意思的是,在科学界,很多的发现和发明都与梦有关。元素周期表的发现就是一例。

1869年,已经发现了63种元素,科学家无可避免地想到,自然界是否存在某种规律,使元素能有序地分门别类、各得其所? 35岁的化学教授门捷列夫苦苦思索这个问题,夜以继日地思考分析,简直是着了迷。一天,疲倦的门捷列夫进入了梦乡,在梦里他看到了一张表,元素纷纷落到合适的格子里。醒来后他立刻记下了这个表的设计原理:元素的性质随原子序数的递增,呈现有规律的变化。

半个多世纪前,日本横滨市有个叫富安宏雄的居民,因患病整天躺在床上,他辗转反侧,难以入眠。一天,他床边的火炉正在烧开水,茶壶盖子上喷出白色的水汽,并且发出"咔嗒咔嗒"的声音。富安宏雄觉得那种声音实在不好听,气恼之下,拿起放在枕头边的锥子用力地向水壶投掷过去。锥子刺中了水壶盖子,但是并没有滑落下来。奇怪的是,这样一刺,"咔嗒咔嗒"的声音反而立刻停了下来。他感到很诧异,整个人被这个意外的事实震慑住了。富安宏雄无法入睡了,他开始在床上大动脑筋。以后他亲自试验了好几次,证实水壶盖上有个小孔,烧开水时就不会发出声音了。于是他琢磨道:"我必须把这项创意好好利用,尽全力让它开花结果才行!"他在拖着病躯奔走了一个月后,其创意终于被明治制壶公司以2000日元买了下来。当时的2000日元约等于现在的1亿日元。

富安宏雄在水壶盖上开了一个小孔使水烧开后不再发出声响,他的这一创意帮他赚了1亿日元;我国又有企业家特意将茶壶变成响壶而赚了大钱。

某水壶厂厂长听到朋友抱怨烧开水时经常因为忙家务、忙其他的事而忘记正在烧的开水,于是他为朋友的水壶加了一个可以被水蒸气吹响的哨子,大受朋友的赞扬。这个厂长推而广之,将加了哨子的"响水壶",大批量推向市场,使工厂成了当地的知名企业。

他们肯定不是第一个发现同样问题的人,但别人抓不住这样的机遇而他们却抓住了。灵感总是来自不经意间,往往又稍纵即逝。如果你足够敏锐,抓住了它"灵光一现"的刹那,也许就能获得意外的惊喜。

◎ "磨刀不误砍柴工",在别人的经验里也能思考自己的出路

聪明人做事,都讲究方法和捷径。他们直接运用他人的方法,省略盲目的实验过程,往往能够事半功倍。

捷径,并不是偷懒,也不是投机取巧,它代表了成就和效率。很多时候,尤其是在比较紧张的时候,寻找捷径往往能取得非常好的效果。

聪明人看到一件事,首先想到的是通览整个事件,然后思考是否能够寻找到简单的办法,这就是老话所说的"磨刀不误砍柴工"。

在一次数学课上，老师给大家出了这样一道数学题：请问，将1至100之间的所有自然数相加，和是多少？老师承诺，谁做完这道题，谁就可以放学回家。

为了能尽快回家享受那自由而快乐的美好时光，同学们都努力地算了起来，有的人甚至额头上都渗出了汗。只有高斯一人静静地坐在自己的座位上。他一只手撑着下巴，一只手无意识地摆弄着手中的铅笔。他在寻找一种可以快速解答这个问题的办法。

过了一会儿，小高斯举手交答案了。

"老师，这道题的答案是5050。"高斯很自信地说。

"你可以给出你的方法吗？别人可连一半都没有加完啊！"老师略带吃惊地问。

"当然。你看，100+1=101，99+2=101……以此类推，到50+51=101时，恰好得到了50个101，因此最后的结果也就是5050了。"

老师对高斯的解答十分满意，并确信他将来一定会有所作为。后来高斯真的成为世界知名的数学家。

做任何事情，都既要勤奋刻苦也要开动脑筋。只有方法找到了，做起事来才会更快、更好。

西方有一句有名的谚语，叫做Use your head，就是多多动脑的意思。许多人一生都遵循着这句话，解决了很多被认为是根本解决不了的问题。在现代社会，每个人都在想尽一切办法来解决生活中的一切问题，而最终的强者是那些用最巧妙办法的人。

有一个人在一家建筑材料公司当业务员。虽然这家建筑材料公司的产品不错，销路也不错，但产品销出去后，总是无法及时收到回款。当时公司最大的问题是如何讨账。

有一位客户买了公司10万元的产品，但总是以各种理由迟迟不肯付款。公司先后派了3批人去讨账，但都没能要到货款。当时这个人才到公司上班不久，就被派遣和另外一位员工一起去讨账。他们软磨硬泡，想尽了办法。最后，客户终于同意给钱，叫他们过两天来拿。

2天后他们赶去，对方给了他们一张10万元的现金支票。

他们高高兴兴地拿着支票到银行取钱，结果却被告知，账上只有99930元。很明显，对方又要了个花招，给的是一张无法兑现的支票。马上就要春节了，如果不能及时拿到钱，不知又要拖延多久。

遇到这种情况，一般人可能就一筹莫展了。但是这个人突然灵机一动，赶紧拿出100元钱，让同去的人存到客户公司的账户里。这样一来，账户里就有了10万元。他立即将支票兑了现。

当他带着这10万元回到公司时，董事长对他大加赞赏。之后，他在公司得到不断发展，5年之后当上了公司的副总经理，后来又当上了总经理。

这个业务员不过是有些聪明而已，他有什么突出的才能吗？我们没有见到，他有什么突出的人格魅力吗？我们也没有见到，我们见到的不过是他的灵机一动，但他却因此一帆风顺。

是的，当谁都认为工作只需要按部就班做下去的时候，总有一些优秀的人，会找到更有效的方法，将效率大大提高，将问题解决得更好更完美！正因为他们有这种"找方法"的意识和能力，才让他们以最快的速度得到了认可！

我们再来看一个故事：1793年，守卫土伦城的法国军队发生叛乱。在英国军队的援助下，叛军将土伦城护卫得像铜墙铁壁，前来平叛的法国军队怎么也攻不下来。

土伦城四面环水，且有三面是深水区。英国军舰在水面上巡逻，只要前来攻城的法军一靠近，就猛烈开火。法军的军舰远远不如英军的军舰先进。这样一来，法军根本无计可施。

就在这时，法国军队一位年仅24岁的炮兵上尉灵机一动，当即告诉指挥官："将军阁下，请急调100艘巨型木舰，装上陆战用的火炮代替舰炮，拦腰轰击英国军舰，以劣胜优！"

果然，这种"新式武器"一调来，英国舰艇无法阻挡。仅仅2天时间，英军的舰艇就被火炮轰得七零八落，不得不狼狈逃走。叛军见状，很快就缴械投降了。

经历这一事件后，这位年轻的上尉被提升为炮兵准将。这位上尉就是后来成为法国皇帝的拿破仑！

像很多杰出人物一样，拿破仑的成功，相当程度上是在关键时刻找到了有效解决问题的方法，从而使自己走上了一个新的台阶，获得了一个有高度的新起点！有了这样的新起点，才有了更大的舞台，才能吸引更多的人向自己看齐，才有更多的资源向自己汇集。

有一个广泛流传的管理案例充分地说明了这点。

一群伐木工人走进一片树林，开始清除矮灌木。当他们费尽千辛万苦，好不容易清除完这一片树林中的矮灌木，直起腰来准备享受一下完成了一项艰苦工作后的乐趣时，却猛然发现，他们需要清除的不是这片树林，而是旁边的那片树林！

有多少人在工作中，就如同这些砍伐矮灌木的工人一样，常常只知道埋头干活，却不清楚自己的工作方向和目的。

这种看似忙忙碌碌，最后却发现与自己的愿望背道而驰的情况是非常令人沮丧的。这也是许多工作效率低下、不懂得工作方法的人最容易犯的错误。他们往往把大量的时间和精力浪费在一些无用的事情上。

做任何事情都不要太过匆忙，忙乱中容易出差错。有些事情不可不问，有些事情不得不弄明白。凡事预则立，不预则废。一个人只有认清自己的工作方向，才懂得如何去合理安排工作，制订工作进度，才能选择正确的方法。也只有这样，才能高效地办事，出色地完成工作。

在市场经济的新时代，做任何事都要有一个好的结果。不仅要做事，更要做成事；不仅要有苦劳，更要有功劳。因此，不妨问一问自己，是否解决了一个或几个棘手的问题，给别人留下了深刻的印象？是否做成了几件业绩突出的事情，让领导和其他人十分欣赏？

只要仔细观察，我们都能从周围的人身上得到启发和教训。有这样一句古语：前车覆，后车诫。成功者的精明在于：他们善于总结他人的失败。

刘邦吸取了秦朝灭亡的教训，汉朝采用了休养生息的政策；东汉看到西汉土地兼并的弊端，开始限制这个问题；唐朝吸取隋朝穷兵黩武的教训，开始推崇文教；宋朝吸取唐朝后期的大家族、外戚专政的教训，采取重用贤才的政策；明朝吸取过去宦官干政的教训，专门在宫殿门口贴了一个牌子，规定宦官不得接触政事的政策……

历史得以发展，正是因为吸取了之前的教训，也因为这样让人们少走了很多弯路。我们要学会用别人的教训充实自己的经验宝库。

别人的教训，是自己的免费经验；别人的智慧，更可以直接变为自己的智慧。

这个道理，哈雷摩托的管理者深有体会。

1982年的时候，本田在美国重型摩托车市场拥有40%的占有率，是哈雷最强劲的对手。因为骑摩托车的人都认为本田的摩托车不但价廉，而且比哈雷耐用好骑。

于是，哈雷摩托车的主管前往本田摩托车设在俄亥俄州的工厂访问，结果令他们大吃一惊。哈雷原本只想学习本田的科技，但是他们在本田厂内看不到电脑，也没有机器人，只有少量的人在进行纸上作业。他们找到的除了30名领导职员以及470名装配工人外，再没有别的东西。

哈雷发现，日本摩托车只有5%会在生产线末端被别除，而哈雷却有5到6成，光因为缺少零件而被别除的就比日本机车的总退件率高出好几倍，有的时候是因为零件在仓库储存过久，等到送上生产线时已经生锈。

经过苦心研究本田的经验之后，哈雷终于发现问题的症结所在。譬如说，哈雷以电脑化库存管理来控制整个制造过程，当时以美国的标准而言是先进的。但是当研究过日本工厂之后，哈雷发现美国式的这套做法其实只会生产许多废料而已。

日本人的秘招其实很简单：本田和其零件供应商每天只生产一点点所需零件，而不是像美国那样虽然每年只生产几次，但每次都是一大批。零件得以"及时"生产，公司每年就可因无库存而节省数百万美元的利息，也没有零件因储存而耗损，既节省空间，又简化了整个工厂的作业。如果发现不良零件，通常也只生产了一两天，更正起来也容易。

5年以后，哈雷重整旗鼓，在美国重型摩托车的市场占有率从23%增至

46%，销售额也达到了空前的1770万美元。

这是为什么呢？因为在本田的参观使哈雷的态度有了革命性的转变，从美国式的好勇斗狠变成谦卑可亲的形象。在1年之内，哈雷采用了最好的人事管理制度和经营策略，使哈雷脱胎换骨。

哈雷引进了本田的库存管理系统，将其中的员工参与模式和以统计数据为基础的品质制度，与扎根美国本土，了解美国人心理的特长相结合，使哈雷在美国国内重型机车市场的占有率提高，并且成为世界级的角逐者。

本田的赢，赢在它的仔细与统筹，而这也是哈雷可以学习的地方。哈雷董事长在比较两个工厂时说："实在很难相信我们会那么差，但我们的确是很差。"

哈雷公司借鉴了本田摩托公司管理的经验，终于走上了复兴之路。如果哈雷没有去自己的对手本田那里参观，没有及时学习本田成功的经验，哈雷未必能够取得成功，即使成功了，花费的时间也一定比直接借鉴本田的经验要多得多。

人，最大的悲哀，不在于无知，而在于不知道自己无知。即使知道了自己无知，也不愿意学习，这更是无知中的无知。

我们在生活中，总会遇到各种各样的麻烦，各种各样的问题，这个时候，能否从别人那里学到经验则是我们能够成功规避不必要的失败的重要手段。并不是所有的道路都需要重新再走一遍才能吸取经验教训，借别人的鉴，能让我们少走弯路。

在人生旅途中，我们难免会走上错路和岔路，有时我们不得不返回原点。这时我们必须告诫自己，不能再走那一条路。经验的意义就在于，他人的失败，值得我们引以为戒，自己的失败，更要时刻牢记。

事实上，我们完全可以避免许多不应该有的错误，因为很多事，我们都有案例可以借鉴，抬起头认真地观察、思考前人的经验和教训，不仅可以节省大量的探索时间，还可以避免犯下很多探索中可能产生的错误。

第二章 ■

思路决定财路，观念比资金更重要

市场风云瞬息万变，唯一不变的只有变化本身。所以说，当今世界，靠脑袋致富是大趋势所在，亿万财富买不到一个好的想法，而一个好的想法却可以赚亿万财富！

◎ 致富不是"上天恩典"，而是精确"学问"

没错，致富确实是一门学问！而且是一门精确的、人人都能学到手的学问。就像我们学习的代数和物理有定理、公式一样，致富也有着内在的特定规律和法则。任何人只要掌握了这些规律和法则所蕴含的"特定的方式"并遵循这些"特定的方式"办事，他就一定会实现自己的致富梦想，这是毋庸置疑的。

为了让读者们更好地理解"致富是一门学问"，是按"特定的方式"行事的结果，我们可以从以下几个方面来分析这个问题。

致富与否和环境好坏无关

如果说环境能够决定一个人是否富裕，那么我们就会看到这样一种景象：在同一个特定区域中的人们都应该是富人或者同为穷人，即同城皆富，或同城皆贫；举国皆富，或举国皆贫。

但是我们所遇到的实际情况却是：在同一个环境中，做着同一行业的两个人，他们的贫富差距却判若云泥。这一事实表明：环境不能决定一个人能否致富。当然，适宜的环境会更有利于人们致富。但是起决定性作用的应该是，是否按照致富法则办事，以"特定的方式"行事。

致富与否和一个人的天分高低无关

也许有人会问，要掌握致富法则是不是很难？难到只有少数"财商"极高的人才能理解它、掌握它？大可不必为此担心！事实上，只要我们具有普通人的智力水平，我们就完全可以掌握并运用这一致富规律。

在现实生活中，我们也看到，天资聪慧的人能发财，迟钝木讷的人也能发财；学识渊博的人能赚钱，才疏学浅的人也能赚钱；体魄健壮的人能致富，体弱力单的人也能致富。当然，要想致富，我们不能没有起码的学习和思考能力。

所以，掌握致富的规律，按"特定的方式"做事的能力不是只为天才们所独有的。我们在现实中不难发现，很多非常有天分的人仍然穷困潦倒，而另外一些不怎么有天分的人却富足一生。

而且，通过对富人的研究，我们发现：有些富人在很多方面都很普通，根本不比其他人更有天分和能力，有的富人甚至看上去还有点天资不足，但是他们能够在坚定信念的支持下，不辞辛苦，不懈寻找致富的方法和规律，最终实现自己的财富梦想。这就有力地说明，富人不是因为拥有了其他人所不具备的天分和能力才致富的，而是因为他们遵循了致富法则，按照"特定的方式"去做事，而这种"特定的方式"是人人都能够理解和运用的。

致富与否和节俭无关

尽管我们得承认节俭是一种美德，有着许多的优点，比如"节俭是一种远见"、"节俭使人头脑更有条理"等等。但是过分地节俭并不能帮助我们过上富足的生活。说到节俭，我们常常还会提到另外一个词叫"开源节流"，它说的正是开源在先，节流在后。如果没有开源而只是一味地节流，到最后也只是坐吃山空。唯有开源才能使财富得以永续。在现实生活中，我们也常常

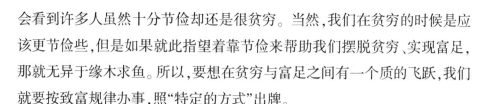

会看到许多人虽然十分节俭却还是很贫穷。当然,我们在贫穷的时候是应该更节俭些,但是如果就此指望着靠节俭来帮助我们摆脱贫穷、实现富足,那就无异于缘木求鱼。所以,要想在贫穷与富足之间有一个质的飞跃,我们就要按致富规律办事,照"特定的方式"出牌。

致富也不是做别人做不到的事

道理很简单,致富有致富的机巧,受穷有受穷的因果。如果我们不能按照致富规律的牌理出牌,那么你的能量越大,离财富的距离就会越远,这就是南辕北辙。

致富与否和我们是否拥有资金也无太大关系。很少有人会因为资金的短缺而无法致富。当然,如果我们拥有资金的话,财富的增长会变得更快更容易。但是当一个人按"特定方式"拥有资金的时候,他已经是一个富有者了。不必考虑资金的问题,即使我们是这个世界上最穷的人,只要能够按照"特定方式"做事,我们就能致富,就能拥有资金。拥有资金也是致富过程中的一部分,它是按照"特定方式"办事结果的一部分。

致富之道是一门精确的学问,有其内在的严谨逻辑和规律

综上所述,结论不言自明:致富就是按照某种"特定方式"行事的结果。这也就进一步说明:致富之道是一门精确的学问,有其内在的严谨逻辑和规律。

虽然我们承认环境好坏对致富与否并不起决定作用,但其影响还是有一些的。打个比方,一个人如果想把生意做成功,显然就不能到撒哈拉沙漠腹地的无人区去找人做贸易。致富必然要和人打交道,做生意当然要考虑客户群,要到有需求的地方做贸易才能够有所斩获,但是环境对致富的影响也仅止于此。

另外,虽然致富与我们选择什么行业或做哪一种职业没有太大关系,因为从事任何行业、做任何职业的人都有可能致富,但是有一点需要确定,那就是如果能够从事我们所喜欢的,让我们乐在其中的行业,我们会更容易致富,或者从事能够展示自己某项特殊才能的职业,这样我们会做得更好。

还有,从事那些因地制宜、因势利导的行业,我们会更容易获得成功。比如,卖冰淇淋的小店开在气温高的地方就比开在北极圈里寒冷的格陵兰岛要赚钱。同样，与其在不出产大马哈鱼的佛罗里达从事捕捞业，就不如到盛产这种鱼的美国西北部沿海地区做生意，在那里保证能做成大买卖。

以上这些条件只能在某种程度上对致富产生一定的限制，而起决定性作用的因素还在于我们是否谙熟致富的"学问"，能否以"特定方式"做事。

凡是那些以"特定方式"做事的人，无论是出于有意，还是出于巧合，最终都会成为富有者，而那些没有按"特定方式"做事的人，无论多么努力，或多么有能力，依然要遭受贫穷。正所谓"种瓜得瓜，种豆得豆"。

就算我们是这个世界上最穷的人，债务缠身，也没有朋友，更没有任何影响力、任何资源，但是如果我们能够按照这种"特定的方式"行事，我们就一定会富有起来——如果你还没有资金，你就能很快得到资金；如果你尚在一个不适当的行业中，那么你马上就能从事一个适当的行业；如果你仍处在一个错误的位置，那么你很快就能找到正确的位置。

这个世界上，你不会因为他人抢占了致富的先机而失去机会，成为穷人。虽然现实社会中的确有些资源、有些行业已经被垄断，将很多人拒之门外，但是我们还是会看到，任何人都不缺少致富的机会，也绝不会因为富人垄断财富，设置壁垒而受穷。因为当我们被某些行业拒之门外的同时，也会有另外的致富之门向我们敞开。

举例为证：对大多数人来说，要想在高度垄断的铁路运输行业里脱颖而出或许很难，但是我们应该看到电气化铁路运输正方兴未艾，可以提供很多的致富机会，很有可能让我们有夺位而起的一天。而且，航空运输也会在未来几年内成长壮大起来，而这一行业及其附属的分支机构会提供成百上千甚至数百万的致富机会。我们何不将目标转向电气化铁路运输或航空运输，为什么一定要与铁路运输业的大佬们一争高下呢？

人类社会一直在不断地发展，我们的需求也在不断地变化。在不同的历史时期，会产生不同的致富机会，所谓因缘际会，不同的机会将人们带往不同的方向。今天机会在农业，也许明天就在工业，后天就在商业了。总之，机会属于顺势而为的人，而远离"不识时务"的人。

有一点必须强调的是，财富的规律适合于所有人，前提是我们要按照

"特定方式"行事。作为一个想引导财富来到自己身边的人，是不应该囿于古训，被旧有的思维习惯和无知所羁绊的，应该要顺应机会的潮流，勇于创新，敢于突破，发挥自己的创造力，努力寻求致富之路。

人人都有致富的机会

之所以说人人都有致富的机会，还有一个更为重要的原因，就是财富的供给是没有穷尽的。没有人会因为财富的供应不足而受穷。自然界所拥有的资源足以供养地球上的每一个人。就人类目前的智慧而言，我们看得见的供应相当富足，我们尚未发现的供应更是取之不尽。之所以这么讲，是因为宇宙空间存在着一种叫宇宙能量的东西，万物之形皆出自这种宇宙能量的运行，相对于人类的需求来说，宇宙能量的供给是无穷无尽的。世间万物都出自宇宙能量的运行。宇宙能量以不同的频率振动，表现为不同的物体，宇宙能量对人类的供给无限丰厚。

对于大自然的馈赠和给予，只要我们取之有道，当是用之不竭。

因此，没有人会因为自然的匮乏而受穷，或者因为没有足够的供应而受穷。自然是取之不尽的财富宝藏，供应不会短缺。宇宙能量具有无尽的创造力，不断地产生新的事物。当土地资源紧缺，耕地不足，无法供给食物和衣物时，宇宙能量就会在人力的作用下更新土壤，产生新的耕地或者创造出可以取代耕地的新事物来供养人类。宇宙能量供给着人类的一切所需，不会让人类有任何匮乏。

人类作为地球上的一个物种，总体上是越来越富有、越来越壮大的，偶然会有个体贫穷，那是因为他没有按照使个体致富的"特定方式"行事。

◎ 财富=正确的想法+足够的时间

很多人都希望从名人的身上找到能够走向成功的捷径，为此，比尔·盖茨毫不吝啬地给出了他自己的"人生公式"：财富=正确的想法+足够的时间。

可是,这样的人生秘诀让每一个希望得到成功指引的人都觉得莫名其妙。人们可能会想,成功应该靠的是机遇、运气、智慧或者其他更加神圣的因素,怎么可能单单凭借想法和时间就能够获得成功呢?

洛克菲勒用他的观点给人们提供了一个参考答案,他说:即使是把我现在所有的财产都拿走,把我脱个精光放在沙漠里,只要给我足够的时间和一支经过沙漠的商队,我也会很快再次成为百万富翁。所以,真正能够指引人们生活的,不是现在的财富和经验,而是你面对生活的想法。

正如在西方人当中一直流行着这样一句话:世界上最大的未开发资源不在南极洲或者非洲沙漠,而在你的帽子下面。洛克菲勒就是凭借他脑子当中的"想法",经过了几十年的历练,形成了开阔的思路和"想法决定一切,想法能够改变一切"的积极心态。只要有了想法,并且有了将想法付诸行动的意志,你就能够走向成功。没有机遇,你可以趁势制造机遇;没有财富,你可以寻找合作伙伴;没有人脉,努力之后也能建立属于自己的关系网……世界上的财富都是依靠思路来做牵引的,没有一种成功不是由想法来塑造的。

在威斯敏斯特大教堂的地下室里,英国圣公会的墓碑上刻着这样的一段话:

当我年轻的时候,我的想象力从没有受过限制,我梦想改变这个世界。

当我成熟以后,我发现我不能够改变这个世界,我将目光缩短了些,决定只改变我的国家。

当我进入暮年以后,我发现我不能够改变我的国家,我的最后愿望仅仅是改变一下我的家庭。但是,这也不可能。

当我躺在床上,行将就木时,我突然意识到:如果一开始我仅仅去改变我自己,然后作为一个榜样,我可能改变我的家庭,在家人的帮助和鼓励下,我可能为国家做一些事情。

然后,谁知道呢?我甚至可能改变这个世界。

这段文字令许多世界政要和名人感慨不已。当年轻的曼德拉看到这篇碑文时,顿然有醍醐灌顶之感,觉得从中找到了改变南非甚至整个世界的金钥匙。回到南非后，这个志向远大、原本赞同以暴抗暴来填平种族歧视鸿沟的黑人青年，一下子改变了自己的思想和处世风格，他从改变自己、改变自己的家庭和亲朋好友着手，历经几十年，终于改变了他的国家。

要想撬起世界，它的最佳支点不是整个地球，不是一个国家、一个民族，也不是别人，正是自己的心灵。

有人说，思维才是人生最大的财富。爱因斯坦也说：人们解决世界的问题，依靠的是大脑和智慧。所以，撬起世界的支点，不会是外在的环境，不会是你所拥有或者一直羡慕的财富，而是你的想法，你的思路。

在生活中，我们常常会看到一些人因为失败而伤心难过，也有一些人对成功有着强烈的渴望，但是外界环境总是阻挠他实现梦想的脚步。爱情不顺利、工作不理想、生活太平淡、年轻的激情找不到释放的出口，所以心里会觉得格外的郁闷。于是，很多人开始烦躁不安，夜不能眠，食不知味，巨大的精神压力让我们感受不到生活的快乐。可是，我们有没有想过，为什么会这样呢？为什么我们总是在承受生活的煎熬呢？关键就在于我们的想法，我们对待生活的态度。我们一直在悲观地面对生活，当承受压力的时候，首先告诉自己的不是应该怎样去面对，而是很快地进入自我否定模式，总觉得自己无力承担生活的痛苦，更加无力扭转生命中的困境。

1995年，中国台湾资诚会计事务所所长薛明玲当时还是一名国票签证会计师。一天，他正在与人聚餐，忽然一个人急急忙忙跑来告诉他："你的国票出事了。"于是薛明玲立刻回家打开电视，电视上赫然显示着斗大的题目"中国台湾金融史上最大金额的基层员工舞弊案，亏空102亿元"。薛明玲的情绪一下子陷入了谷底，心想：完蛋了，我会不会因此被扯入这个事件，甚至被关？这样下去，我家人好不容易打下的基础不就全毁了……

他越是这样想越觉得害怕，这让他倒吸了一口凉气。接着他关掉电视，走进自己的书房，认真地思考起来。经过一天的思考，他确定"自己没有做错"。于是他开始积极地思考解决办法，开始大量阅读商业法、会计法书籍，并每日预写新闻稿，以备随时澄清自己。就这样，一周之中他梳理出了事件的整个脉络，并且坚持上班，最终度过了这场风波。

柏拉图说："思维是灵魂的自我谈话。"思想告诉我们下一步的方向，决定着我们的行为，也间接决定着事态的发展。永远拥有积极正向的思维，时刻进行正向思考，我们就能时刻享有积极的信念，拥有持续的力量去牵引身边的一切朝向积极的方向发展，为自己踏出一条美好、宽阔的人生之路。生活是可以按照我们自己的思路去设计的，所以当你给予自己积极的心态时，你就会发现，成功离我们并不遥远，财富也不会只在梦想里陪伴我们。

◎ 如果我们想致富，就不要去思考和钻研贫穷

我们想得到什么就应该关注什么，而绝不要注目它的反面。正如思虑疾病，我们不会得到健康一样，健康的体魄与健康的心灵是息息相关的；而关注罪孽，也无从产生正义，正义的品格源自于对美好事物的向往和追求；同样的，没有一个人会因为思考和钻研贫穷而使自己变得富足。

因此，请大家不要再去谈论贫穷、研究贫穷，更不要去关注那些导致贫穷的种种原因。因为我们和贫穷没有任何关系！与我们有关的只有财富！不过，请读者朋友们不要误会，这绝非是要教诲你去做一个冷酷无情的不具善良之心的甚至对饥饿的哭声充耳不闻的人。而是，让你在潜意识里，把贫穷抛在身后，把所有与贫穷有关的事情抛在身后，全神贯注地走向致富的成功之路！

首先让我们自己获得财富。

这是我们帮助穷人的最好办法。人人皆努力致富，世界上的穷人就会减少。

如果大脑中充满了贫穷阴影的干扰，我们又怎能满怀信心地描绘出清晰美好的财富图景？如果失去了渴望和追求，我们又怎能拥有坚定的致富信念？没有坚定的信念做动力，我们又怎能最终走向富裕？

换句话说，熟悉贫穷又能有什么用处呢？我们对贫穷知道得再多，也不

能消除贫困。消除贫困的最好办法是彻底抹去大脑中的贫穷景象，让自己满怀信心去奔赴财富之路。

不要阅读那些反映贫民悲惨生活的报纸和书籍，不要阅读那些描写贫寒者艰难度日的杂志和读物，诸如此类的报纸和书籍碰都别碰。总之，让我们的大脑远离任何关于痛苦和贫穷的阴暗报道。

但这并不意味着我们遗弃了生活在那种悲惨命运下的人们。而是因为贫苦的人们，真正需要的不是同情和施舍，而是精神上的鼓舞。施舍只能给穷人一片面包，或者片刻的安慰，虽然能使他们暂时忘却心中的痛苦，但其后，他们仍然得继续生活在水深火热之中。而只有精神上的鼓舞才能激励穷人们从贫苦的世界中跃出，从根本上摆脱悲惨的命运。

如果真正希望普天下的穷人们都能够摆脱贫穷，我们自己首先应该富裕起来。每一次致富经历都是一个有力的证明，证明了穷人完全能够成为富人。

让我们都来证明，贫穷可以从地球上消失。这不是因为富人越来越关注贫穷，而是因为越来越多的穷人拥有了致富的决心和信念。

其次，创造和孕育，才是致富之本。

让越来越多的人们都来实践本书所讲的理念，让越来越多的人消除贫穷，成为富有者。

另外还有一条法则，人们也应该牢记：创造和孕育，才是致富之本；掠夺与不良竞争，无异于"饮鸩止渴"。

致富必须依靠创造，任何狡诈的伎俩都有违于致富的法则。只有创造出来的财富才会永远属于我们，而利用不良竞争和巧取夺来的财富，总有一天还会被夺走。

利用不良竞争聚敛了大量财富的人，时时都在恐惧身边会出现更强大的竞争者。因此，他们会千方百计地阻止那些努力致富的后来者。我们可以想象，第一个通过竞争致富了的所谓成功者，因为恐惧后来的人取而代之，他就会卑鄙地拆掉他借以成功的阶梯，以阻止后来者攀登的步伐。但是依靠创造走向富裕的人，却为成千上万的后来者开辟了一条通路，为他们做出致富的示范，从而引领他们通过新的创造拓宽这条通路，实现各自不同的财富梦想。

当我们不再徒然感伤于贫苦的命运，不再分心于贫苦的表象，当我们远离描写贫困的报道，摆脱对贫困喋喋不休的议论，停止关注贫困的缘由，我们绝不是在告诉世人自己是铁石心肠，对世间悲苦冷漠无情，而是在集中精力勉励我们自己，也号召更多的人们关注致富，运用意志的力量坚定自己的致富信念，让贫困更快地远离，直到这个地球上再也不会有它的影子和痕迹。

如果我们的注意力总是关注贫穷，无论是为现实的贫穷沮丧还是为假想的贫穷担忧，那么，我们的思想和精力就很难再有余暇去关注财富。

再次，不要总是回忆自己在以往的致富过程中所遭遇的种种窘境与不顺。

即使那曾经对我们的伤害很大，此时也要完全抛开，想都不要想，更不要把这些事情时时挂在嘴上，记在心里。

不要向别人讲述我们的父母是多么贫穷和窘迫，或我们的童年生活是多么艰难，因为如果我们总是回忆贫穷或谈论贫穷，那么，在精神上我们已经把自己列入了穷人的队伍，给自己打上了穷人的印记。这一切，只会压抑我们对美好生活的憧憬，击垮我们追求财富的信念。其可悲的后果是，我们用自己的力量阻断了致富的道路，使自己永远与财富绝缘。

"尘归尘，土归土"，让过去的贫穷成为永久的过去吧！把所有与贫穷相关的事情统统抛到身后，把我们的全部心力凝聚到致富上吧！

我们应该恒信：宇宙智慧所指明的幸福和希望终会实现，但是如果我们反复游移于不同的观念，一再南辕北辙，背离自己的目标，那么，最终我们只能一无所获。

不要阅读那些充斥着阴暗描写的文字，不要靠近那些阴谋论的异端邪说，更不要相信所谓"哲学家们"悲观厌世的学说。他们鼓吹世界即将走向沉沦和毁灭，但事实上，这个世界并非像他们所说的那样，而是恰恰相反，它正变得越来越和谐富足，越来越光明温暖。

诚然，在我们所生活的现实世界里还存在着许多不和谐的、令人悲伤的事情。但是随着自然界的进化和人类社会的进步，世界上那些不和谐的事物和现象正在逐渐被淘汰。

当我们意识到它们终究会消亡，而且关注它们只会加速其消亡的速度，我们去研究它们又有什么意义呢？当我们可以通过自身的发展推动社会的进步，我们又有什么必要花费时间和精力去关注它们呢？

在一些国家或地区，人民的生活确实还很艰难。但无论这种情况多么令人悲伤，我们也没有理由沉溺其中，因为那只能让我们浪费时间，断送致富的机会。多想一想这个世界将要步入的富足未来，而不要考虑它将要摆脱的贫穷现状。

并且一定要记住，我们能够帮助整个世界富裕起来的唯一途径，就是通过创造而不是不良竞争的方法，让自己先富起来，先富带动后富，最后达到共同富裕。

请忘却贫穷，集中所有精力关注财富。相信我们的这个世界根本没有贫穷，有的只是富足。

那些暂时还没有富起来的人们之所以贫穷，是因为他们忽略了本应该属于自己的财富，我们能给他们提供的最好帮助就是向他们展示我们的富足和我们的致富思想、致富方式，让他们认识到，世界的本质是富足的，只要他们肯于探求，就一定能得到财富。

还有一部分人之所以没有富起来，是因为他们思想上的懒惰。他们已经认识到世界的本质是富有的，但是他们宁愿停留在目前的贫困中，也不愿意动脑筋去寻求那致富的方法，为致富采取行动。对这种人提供帮助的最好方式还是向他们展示我们的富足，用我们的富足与美好给他们以感召和刺激，用我们的致富思想与方法给他们以示范。

而那些既认识到世界的本质是富足的，也愿意付出努力去寻求致富之道，却仍然贫穷的人们，是因为他们使自己陷入了单纯的理论或迷信了某种超自然力量的误区。这些误区让他们的行动与思想南辕北辙，在致富之路上连连挫败。对于他们，我们当然更应该用榜样的力量予以帮助和提醒。

所以无论何时，当我们想到或谈及穷人时，请把他们当作正在走向富足的人来看待吧，他们需要的是祝福而非同情。这样，暂时的贫穷者也会从我们的思想和言谈中得到启示，在精神上受到鼓励，充满信心地追求富裕。

我们对这个世界的最好贡献就是成为一个真正的富有者。事实上，成为真正的富有者应该是每一个人一生当中都应该追求的最伟大目标，它包含了人生所拥有的一切。成为真正的富有者，我们就能拥有高贵的心灵和健康的体魄，就能成就一个完美的人生。

◎ 放飞致富梦想，铸"念"成金的六条途径

我们生活的这个世界，任何时候都需要新的想法、新的做事方法、新的领军人物、新的发明、新的形式以及各种各样的新变化。对于更新更好的事物的追求，需要你掌握一种品质，那就是明确的目标、对于自己梦想的清醒认识以及实现梦想的强烈欲望。

如果你的确想发财，请记住，这个世界真正的领军人物，总是那些善于把握机会并善于利用机会的人。而机会的威力是无形的、看不到的。这些领军人物把机会转变成了城市、摩天大楼、工厂、交通、娱乐，以及可以将生活变得轻松、快捷、美好和更加舒适的形形色色的便捷事物。

在你打算要获取这些财富的时候，不要让任何人把你看做一个梦想家。要想在这个瞬息万变的世界赢得胜利，你就必须具备伟大的先驱精神，这些人把他们所有的梦想都赋予了文明社会，正是这种精神构成了维系我们国家生命的血液。

拥有欲望并具有强烈的实现欲望的心理是放飞梦想的起点，冷漠、懒惰和没有志向都不会萌生梦想。

当埃德温·巴恩斯从新泽西州的西奥兰治的货运列车上爬下来时，看起来就像个流浪汉，但在他的心中，自己就是一位王者。

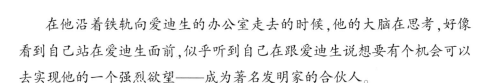

　　在他沿着铁轨向爱迪生的办公室走去的时候，他的大脑在思考，好像看到自己站在爱迪生面前，似乎听到自己在跟爱迪生说想要有个机会可以去实现他的一个强烈欲望——成为著名发明家的合伙人。

　　巴恩斯的想法不是一种希望，也不是一种愿望，而是一个令人激动心颤的欲望，跟这个欲望相比，其他一切都相形失色，而这个信念却异常坚定。

　　几年后，在第一次遇见爱迪生的那间办公室里，巴恩斯又一次站在了爱迪生的面前，这一次他要与爱迪生一起共事，他的第一个梦想终于变成了现实。

　　巴恩斯成功了，因为他选择了一个明确的目标，他用自己全部的精力、全部的心愿和全部的努力，甚至可以说倾尽一切去实现那个目标。

　　5年过后，他一直苦苦寻求的机会才真正出现。但在这5年里除了他自己之外，所有人都觉得他只是爱迪生生意圈中的一个小人物，而在巴恩斯自己心中，从他在那儿开始工作的第一天起，他就每时每刻都是爱迪生的合伙人。

　　这是坚定欲望产生强大力量的一个鲜活例证，巴恩斯实现了他的目标，这是因为他一心只想要成为爱迪生的合伙人，别无他求。他拟定了一个计划，并且按照这个计划去实现自己的目标，他断绝了自己所有的退路，就靠自己的欲望支撑着，这个欲望成了他生活的强烈愿望，而最终，这个愿望变成了现实。

　　在他去西奥兰治的时候，他没有对自己说"我要尽力劝说爱迪生给我一份像样儿的工作"，而是说"我要见爱迪生，要让他知道，我来是要和他一起共事的"。他没有告诉自己"万一我在爱迪生那里得不到我想要的东西，我还会努力寻找另外的机会"，而是说"在这个世界上，我一心只想要做一件事，那就是要成为爱迪生的事业伙伴，我要断绝自己的一切后路，倾尽我余生的全部能力去得到我想要得到的东西"。

　　他没有给自己留一点儿退路，他必须赢，否则，毋宁死！

　　如果你想要做的事情是正确的，你就要相信它，就要付诸行动去实现

39

它。如果你遇到了暂时的失败也不要介意别人说什么，别人不会明白每一次失败都同样会成为你成功的机会。

马可尼有一个梦想，他想要建立两地间无线传输声音的系统。但也许你并不知道，当马可尼宣布他已经发现了可以无线传输信息的原理时，他的"朋友"却把他关进了拘留所，并把他送到精神病院进行检查。没有人相信可以实现，无线传输信息。人们认为马可尼简直是白日做梦。但可以证明他并非白日做梦的证据在当今世界比比皆是：无线电收音机、电视机、移动电话、通信卫星以及其他各种无线设备。

所幸的是，现在的梦想家们的结局往往要好得多。当今的世界存在着很多的机遇，而这是过去的梦想家永远无法想象的。

如果你对这一切持怀疑态度，如果你因为刚刚经历的失败而感到沮丧，那你就得学会如何去把失败变成你最宝贵的财富。每个成功人士都是从失败开始的，他们都是在经历了许多痛苦的挣扎之后，才取得了成功。那些成功者生命中的转折点通常都是在一些危机时刻，经过了一些危难之后他们才得以找到"另一个自我"。

西德尼·波特在他遇到了巨大的不幸之后才发现他的守护神原来就沉睡在自己的大脑中。他因为挪用公款而获罪，被关押在俄亥俄州的监狱中，而就是在那里他认识了他的"另一个自我"。

在被关押期间，他以欧·亨利为笔名，开始从事短篇小说的写作。后来，他把自己写的那些小说卖给了一些刊物。在充分运用了自己的想象力之后，他发现自己可以成为一个伟大的作家，而不是一个可怜的囚犯和被遗弃的人。到刑满释放的时候，欧·亨利已经成为美国最受欢迎的短篇小说作家。

爱迪生梦想一种可以用电点亮的灯，在他把梦想付诸行动的过程中，失败了不下一万次。虽然经历了无数次的失败，但他一直坚持自己的梦想，最后终于发现"神灵"就在自己的大脑里。

亨利·福特小时候的家境非常贫寒，他没上过学，但梦想有一种不用马拉的车辆。他没有坐等机遇，而是用自己掌握的工具开始行动。现在，他的梦想已遍布全球，他比任何人投入的都多，因为他对自己的梦想充满信心。

期望和做好准备并用心接受之间是不同的，没有做好准备之前没人相信自己能够得到什么。这种思想状态一定是信念，而不是希望和愿望。开放性思维是信念的核心，封闭思想是不会激发信念、勇气和信心的。

请记住，为了想发财和成功以及追求更高的生活目标所做出的努力与接受痛苦和贫穷所需要付出的努力相差并不多。

如果没有想发财的强烈欲望，不相信自己会拥有这些财富，那么你永远也不会成为富豪。

将致富的欲望转变成等量的财富，有6条明确具体、可操作的方法：

1.要明确你心中想得到的具体钱的数目。仅仅说"我想要很多钱"是不够的，必须有具体的数目(在后面的章节中将解释明确具体数目的心理原因)。

2.确定你为了获得你所想要的钱而打算付出什么("不劳而获"是不现实的)。

3.确定你打算获得你所想要得到的钱的具体时间。

4.拟定一个实现你理想的具体计划，无论有没有准备好，都要立刻将计划付诸行动。

5.现在把这些写下来，详尽清晰地写出你打算获得的钱的数目，确定你得到这些钱的时间期限，明确你为获得这些钱而打算付出的代价，拟定具体计划，并按照计划逐步去实践。

6.每天两次大声说出你写的内容。晚上睡觉前说一次，早晨起床前说一次，边说边看边感觉，要认为自己已经拥有了这些钱。

遵循这6个步骤的行动方法是非常重要的，而遵循和奉行第6个步骤的做法更为重要。有人可能会抱怨说：在还没实际得到钱之前就"认为自己已经有钱了"是不可能的。这就是强烈的欲望能帮你做到的，如果你渴望财富的欲望真的很强烈，你的信念就会成为一种挥之不去的念头，那么得到这些财富就不成问题了。你的目标是要拥有财富，要下决心去得到它，那么你就要坚信你一定能做到。

◎ 自我暗示，将欲望转化为与之相应的财富

在将欲望转化为与之相应的金钱财富时，自我暗示是非常重要的，以下的内容对于理解自我暗示的重要性也是非常重要的，即按照自我暗示的原则通过宣读誓言或向潜意识重复发出指令，因为欲望是一种可以感应或增强的思维状态。

重复誓言就像向你的潜意识发送指令一样，而且这是已知的主动增强信念即增强做事的坚定信心仅有的方法。

比如说，想想你为什么要读这本书，因为你想要获得把欲望这种无形的思想动机转化为与之相应的财富的能力。按照后续几章里有关自我暗示和潜意识方面所做出的指导，你将学会诱发你潜意识的技巧，在潜意识中你会相信自己会获得想要的东西的，从而你的潜意识就会对你的信心产生影响，并以信念的形式反馈给你，如果再加上具体的计划，那么你就真的可以得到你想要的东西。

相信自己和自己的能力，就会成为你能够按照自己的信念行动的一种思想状态。因为当你应用这些原则的时候，信念就成了在你自身内部自然产生的一种思想状态。

情感，或者思想的"感觉"部分，是给你的思想以活力、生命和震动的部分，当欲望、爱和性这些情感与任何一种思想冲动融合在一起的时候，就会对你的思想产生更强烈的震动。所有被情感化的思想与信念特别是你对自己能力的绝对自信会促使你将欲望转化为与之相应的现实。然而，这不仅仅单指与欲望相融合的思想动机，对任何情感也都是这样的，包括消极情感。

这个意思是说，潜意识对思想动机会产生积极有益的作用，也会对思想动机产生消极有害的作用。下面引用的是一位著名的犯罪学家的观点：

"人们第一次碰见罪犯的时候，会非常痛恨他们；如果在一段时间里经常接触罪犯，就会对他们习以为常，而且能容忍他们；而如果与罪犯长期相处到了一定的程度，最终会接受他们，并且会受到他们的影响。"

这个说法与我们所说的道理一样，也就是说如果不断对潜意识施加积极的思想动机，等达到一定的程度，就会被潜意识接受并对其产生影响，进而潜意识会通过最可行的方式把这种动机转变为与之相应的现实。

这也就是为什么会有如此多的人都把自己坎坷的经历归结为厄运这种奇怪现象的原因。许多人都相信自己的贫穷与失败是由被他们称之为厄运的神奇力量所驱使的，对厄运他们自认为无法控制。但实际情况是，他们才是自己不幸的根源，因为潜意识接受了相信厄运的这种消极信息，并把它转化成了与之相应的现实。

你的信心或欲望，是决定你潜意识行为方式的根本。请允许我再次强调，你完全可以把你想要获取相应的金钱财富的信念传递给你的潜意识。只要相信自己的信念一定会变成现实，并且把这种信念以一定的方式传送给潜意识，潜意识就会以最直接、最有效的方式使之转化成与之相应的事实，这样你就一定会从中受益。

在这一点上必须注意，从潜意识的活动方式上看，当你通过自我暗示向潜意识传达指令的时候，没有什么能够阻止你"哄骗"自己的潜意识。

无论你对自己重复说什么，无论你说的那些正确与否，事实上你都会慢慢接受。如果你对自己一遍遍地重复一句谎言，最终你会把那谎言当成事实来接受，而且你会信以为真。你之所以成为现在的样子就是因为你只允许那些主导思想来占据你的头脑。你有意识植于自己大脑中的思想，加上自己的同情心，并与其他一种或几种情感融合在一起，就会形成激励动力，从而每时每刻去指引和控制你的反应和行为。

下面这些话是对真实情况的一个非常有意义的表述：与任何情感相融合的思想都会变得具有魔力，从而能够吸收其他相似或相关的思想。

一种被情感赋予了"魔力"的思想就好比是一粒种子，当把它种在肥沃的土壤里的时候，它就会发芽、生长并不断繁殖下去，这就是原本小小的一粒种子能够变成无数种子的道理。

人类的思想在不断地吸引、主宰与意识同步的情感反应，存在于你头脑中的任何思想、观点、计划或目标都会吸收大量相关信息，用这些相关信息增强自己的实力，并不断成长壮大，进而成为人类大脑中的主要动机。

怎样才能把观念、计划或目标的第一粒种子植入你的大脑呢？任何观念、计划或目标都可以通过不断重复的方式植入你的大脑中。这也正是要求你写出你的主要目的或确切的首要目标，把它们储存到你的记忆中，并且每天大声重复地说出来，直至这些声音深深地植入到你的潜意识中的目的。

你现在的状况是因为你只允许那些主导思想占据你的头脑所导致的。如果你那样做了，你就应该摒弃过去的那些不良影响，重新构建你梦想的那种生活方式。例如，把你的精神财富和不利条件梳理一下，你可能会发现你的最大弱点是缺乏自信。通过自我暗示，这是可以克服的，而且可以被转变成勇气，同时你可以把自己积极的想法记录下来。

下面这些例句，是为那些把克服缺乏自信作为确切目标的人准备的。不仅要牢记还要不断重复，直至这些想法在你的潜意识中发挥作用。

自信箴言

1.我知道我有能力实现我生活的确切目标。因此，我要求自己要执着，朝着这个目标不断努力，决心从我做起，从现在做起。

2.我明白自己大脑中的主导思想最终会表现为实际行动，并慢慢地变为现实。所以，我每天要用30分钟的时间集中精力审视未来的人生，头脑中要始终保持一个清醒的目标。

3.通过自我暗示，我知道自己心中的欲望都会最终找到实现的方法。所以我将每天用10分钟的时间全身心投入，培养自己的自信心。

4.我已清晰地描绘了自己确切的人生目标，我永远不会停止努力。为了达到这个目标，我一定要使自己拥有充分的自信。

5. 我充分意识到只有建立在真实和正义基础上的财富或地位才能持久。因此，不能让大家都从中受益的交易我不做。我要充分发挥自己应有的实力，与他人合作，取得成功。我还会说服他人来帮助我，因为我也很愿意帮助别人。我要用对众人的爱来化解一切仇恨、嫉妒、猜忌、自私和冷嘲热讽，因为我知道，如果我消极地对待别人，是不会给自己带来成功的。我要让大家相信我，因为我相信大家，也相信自己。

6.我要在这些箴言上签上名，把它们记住，每天大声重复几遍，坚信这会对我的思想和行为产生影响，那样，我就会变成一个自信和成功的人。

◎ 删除"不可能"，积极的心态和肯定的价值观才能导致财富

"在我的字典里，没有'不可能'的字眼。"

美国著名的成功学家拿破仑·希尔，年轻的时候有一颗要当作家的雄心。要达到这个目标，他知道自己必须精于遣词造句，字词将是他的工具。当时他家里很穷，不可能接受完整的教育，因此，很多朋友好心劝他，放弃那"不可能"实现的雄心。

年轻的希尔存钱买了一本最好的、最完全的、最漂亮的字典，但是他首先做了一件特别的事——找到"不可能"这个词，用小剪刀把它剪下来，然后丢掉。于是，他有了一本没有"不可能"的字典。他告诉自己，没有任何事情是不可能的。

在富人的致富宝典中，从来没有"不可能"这个词。他们谈话中不提它，脑海里排除它，态度中抛弃它，不再为它提供理由，不再为它寻找借口，把这个词永远地抹杀，而用光辉灿烂的"可能"来替代它。

古时候，有个人因冒犯皇帝被判了死刑。行刑前，他向皇帝保证，他可以在1年内教会御马在天上飞。皇帝将信将疑，囚犯被恩准缓刑，但是如果不成功，他将被用更加残酷的刑法处死。还没到1年，国家发生暴乱，囚犯乘机越狱逃跑了。

在1年之内，国王可能会死掉，马也可能会死掉，谁也不能洞察1年内的

一切。也许，那马真的学会了飞呢？囚犯聪明地使了"缓兵之计"。马在天上飞，谁都知道是不可能的。一个被判死刑的囚犯，谁会想到他还能活下来？可是，他却炮制了一个"不可能"挽救了另一个"不可能"，由此看来，在任何"不可能"面前，我们都应该积极地去想去做，与其坐以待毙，不如努力地寻找出路也许奇迹就会发生。

从古至今，人们不断地创造着一个又一个奇迹。看过下面这个传说之后，你就会明白，只有相信奇迹的人，才能创造奇迹。

在埃及著名的塞贝多沙漠里，在方圆150平方千米的不毛之地中，在终年酷热无雨的一片漠漠灰沙间，一株繁茂大树巍然屹立特别引人注目，这棵阿拉伯语叫作巴旦杏的树，树高不过一丈，树干可容两人合抱，据说树龄已经有1600多年了。

公元346年以前，一个名叫小约哈尼的青年决心皈依伊斯兰教。为了考验他的决心，一位叫阿帕·阿毛的圣者把一根用巴旦杏树枝制成的手杖插在塞贝多沙漠里，他对小约哈尼说："你要一直浇水，直到这树扎下根，结了果为止。"

巴旦杏树生命力极强，只要有水随处都能扦插成活，但沙漠中最缺的就是水，而且圣者插下手杖的地点，离最近的水井也有一天路程。井里的水简直是涓涓细流，想把水缸装满水，则需要整整一夜的时间。

这是一件艰苦卓绝的工作，成功的概率近乎为零。然而，小约哈尼没有放弃，他不分昼夜地挑水，连续3年从未间断，以超乎想像的毅力坚持不懈。因为只要停顿一天，那棵树就会立即被烈日的毒焰烧死，所做的一切都会前功尽弃。

所有坚韧不拔的努力都能把不可能变成现实。在汗水与井水的浇灌下，巴旦杏手杖扎下根、抽出芽、绽开叶、开了花，最后还结了果。

小约哈尼种巴旦杏树的故事，代代相传、延续不绝。直到今天，附近寺院里的继承者们，仍和小约哈尼一样，矢志不移地为那棵古老的树运水、浇灌！

有人做过一次尝试，粗略地计算了养护这棵树的成本：漫长的岁月里一共耗费了50万个人工，如果将这50万个人工折算成工资，再加上放弃休息的夜间加班，将是一笔无法估计的巨大财产。时间是衡量成功概率的一种尺度，如果你能很好地利用，把它拓宽加长，它就会为你创造奇迹。

有些事情人们之所以不去做，是因为他们认为不可能。而许多不可能，只存在于人的想像之中。

世间的事非常奇怪，越是人们认为不可能的事情，做起来越顺畅。相反，如果人们都认为可能的事，做起来反而磕磕碰碰。这样的事还真不少。

1485年5月，为了实现自己的航行计划，哥伦布亲自到西班牙去游说："我从这儿向西也能到达东方，只要你们拿出钱来资助我。"当时，谁也没有阻止他，因为当时的人们认为，从西班牙向西航行，不出500海里，就会掉进无尽的深渊。至于说到达富庶的东方，是绝对不可能的。

可是，他第一次航行真的成功了。但在第二次远航的时候，他却遇到了空前的阻力，甚至还有人在大西洋上拦截，并企图暗杀他。原来认为"不可能"的人不再坚持了，而且100%认为哥伦布的航线绝对能够到达富庶的东方。

炒股票追求长远，才能获益不少。1973年，全世界没有一个人认为，曼图阿农场的股票能够复苏。相反，有些人甚至认为，曼图阿不出3个月就会宣告破产。然而，巴菲特不这样看，他认为，越是在人们对某一股票失去信心的时候，这只股票越可能是一处大金矿。当时他果断地以15美分的价格买入10000手。果然不到5年，他就赚了470万美元。众所周知，现在他已是紧排在比尔·盖茨之后的大富翁了。

越是大多数人认为不可能的事，越是有可能做到。细细想来，这话确实很有道理。看似不可能的事，肯定是件十分困难、甚至难以想像的事。因为太难，所以畏难，因为畏难，所以根本无人问津，谁也不去关注，谁也不去攻击，谁也不去设防。因此，不可能实现的事，一般都没有竞争对手，第一个去尝试的人正好可以乘虚而入。可以说，世界上许多真正的大富翁，都是在别人认为不可能的情况下赚下了第一桶金。

1971年在伦敦国际园林建筑艺术研讨会上，迪斯尼乐园的路径设计被评为世界最佳设计。世界建筑大师格罗培斯是如何把它设计出来的呢？

在迪斯尼乐园即将对外开放之际，各景点之间的路该怎样连接还没有具体方案。设计师格罗培斯心里十分焦躁。

有一天，他乘车在法国南部的乡间公路上奔驰，这里漫山遍野都是当地农民的葡萄园。当车拐入一个小山谷时，他发现那儿停着许多车。原来这是一个无人看管的葡萄园，你只要在路边的箱子里投入5法郎就可以摘一篮葡萄上路。据说，这是当地一位老太太的葡萄园，她因无力料理而想出这个办法。谁知道这样一来在这绵延上百里的葡萄园里，总是她的葡萄最先卖完。这种给人自由、任其选择的做法，使大师深受启发。

回到住地，他给施工部下了命令：撒上草种，提前开放。

在迪斯尼乐园提前开放的半年里，绿油油的草地被踩出许多小道，这些踩出的小道有宽有窄，优雅自然。第二年，格罗培斯让人按这些踩出的痕迹铺设了人行道。

在追求财富的路途中，时间就是金钱，每个人都在寻找自己的最佳路径。在不知该怎样选择的时候，顺其自然恰恰是最佳选择。只要你仔细观察周围的一草一木，善于思考人的一举一动，分析事情的前因后果，无数的灵感和启示就会源源不断地闯入你的大脑，"不可能"被无数的"可能"一扫而光。

一台现场直播的综艺晚会上，正在进行一个叫"童言无忌"的节目。一群五六岁的孩子依次回答主持人的提问，孩子们的回答充满童趣。最后一个问题是："长大了你想干什么？"一个6岁的男孩迫不及待地大声说："我想当总统。"主持人追问他："你想当哪个国家的总统呢？""美国总统！"听到这里，在场的观众都为之大笑。然而，令所有在场的大人们更难忘的，是他的最后一句话："让美国不再打仗！"

童言稚语不得不引起我们的感慨，连小孩都有敢想的野心，我们这些成年人究竟是怎么了？野心是每个人自己的财富，是你在这个世界上唯一值得自豪的东西。你将会注意到，一切都是从你的野心开始的。

富人最大的资产就是敢想敢做。你的头脑就是你最有用的财富。成功者从不墨守成规、坚守现状，而是积极思考，千方百计创新突破。

诺贝尔文学奖得主加西亚·马尔克斯回答他是如何走上写作道路时，曾这样说：

"有一天晚上，我回到我住的公寓，开始读弗朗茨·卡夫卡的小说《变形记》。读了第一行，我差点从床上掉下来。我非常惊讶，书上写道：'一天早晨，格里高尔·萨姆沙做了一个令人惊扰不安的噩梦后醒来，他发现自己在被窝里变成了一只可怕的大甲虫……'读了这一行，我就想：'难道可以这样写吗？'如果我早点知道可以这样写的话，我早就干写作这一行了。因此，在读了卡夫卡的作品后，我就开始写小说了。"

商海中，类似于马尔克斯这样受到启发、激活智慧、焕发雄心的能人很多很多。只要相信你是可以的，你就做得到。亿万富翁亨利·福特曾说，"思考是世上最艰苦的工作，所以很少有人愿意从事它。"

斯坦福大学的一位富翁，在谈到他成功的秘诀时，他说："导致人们成功致富的要素不是资本，不是财富，不是关系，更不是那些看起来金光闪闪的东西，而是我们的内心。在我们的内心中，积极的心态和肯定的价值观是导致人们致富成功的重要因素。"

真正的敢于追求大成功的野心，绝对是一种积极的心态。美国成功学院对1000位世界知名富人的研究结果表明：积极的心态决定了成功的85%。美国联合保险公司董事长斯通指出："你随身带着一个看不见的法宝，这个法宝的一边装饰着4个字——'积极心态'，另一边也装饰着4个字——'消极心态'。这个法宝有两种令人吃惊的力量，他有获得财富和成功的力量，也有排斥这些东西的力量。积极的心态是一种力量，可以使人攀登到顶峰，并且逗留在那里；消极的心态也是一种力量，可以使人在他们整个人生中都处于底层。虽然有些人已经到达顶峰，但消极的心态也会把他们从顶峰上拖下来。"

绝大多数人都无法让自己的态度控制周围的环境，而是让环境左右着自己的态度。当人们遇到顺境时，他们的心态就会变好，而在情况不顺利的时候，他们的态度也变得非常恶劣。这样的人生态度是不对的。人应当有坚强的意志，不管情况是好是坏，都应该保持良好的态度。

任何事物都有积极的一面和消极的一面，这就要看你的心态是积极的还是消极的。如果你是积极的，你看到的就是乐观、进步、向上的一面，你的人生、工作、人际关系及周围的一切就都是成功向上的；如果你是消极的，你看到的就是悲观、失望、灰暗的一面，你的人生自然也就乐观不起来。

人与人之间只有很小的差别，但这种差别却往往造成了人生结果的巨大差异。很小的差别就是心态是积极的还是消极的，巨大的差异就是结果的成功与失败。有了积极的思维并不能保证事事成功，因为积极思维虽然会改善一个人的日常生活，但并不能保证他凡事心想事成。可是，相反的态度则必败无疑，实行消极思维的人必不能成功。

加拿大人琼尼·马汶读高二年级时，学习总是很费力。一位老师告诉这个16岁的少年："孩子，你一直很用功，但进步不大，看起来你有点力不从心，再学下去，恐怕你是在浪费时间了。"马汶听完，哭着说："我爸爸妈妈一直巴望我有出息，如果我放弃了，他们会难过的。"

老师用一只手抚摸着孩子的肩膀，"工程师不识简谱，画家背不全化学元素表，这都是可能的，每个人都有特长，你也不例外，终有一天，你会发现自己的特长，到那时，你的爸爸妈妈就会为你骄傲自豪了。"

后来，马汶替人整建园圃，修剪花草。时间一长，雇主们开始注意到这小伙子的手艺，凡经他修剪的花草无不出奇地繁茂美丽，他们称他为"绿拇指"。

一天，他发现一块污泥浊水的垃圾地，想把它改建成一个花园。于是，他来到市政厅，凑巧碰到了一位参议员，他把自己的想法告诉了对方。

"市政厅缺这笔钱。"参议员说。

"我不要钱，"马汶说，"只要允许我办就行。"

参议员大为惊异，他从政以来，还不曾碰到过哪个人办事不要钱呢！他把马汶带进了办公室，当即办妥批准手续。

当天下午,小马汶拿着工具、种子、肥料来到垃圾地。一位热心的老朋友给他送来必需的树苗，一些相熟的雇主请他到自己的花圃剪取花枝,有的则提供篱笆用料……

不久,这块肮脏的污秽场地变成了一个美丽的公园,有绿茸茸的草坪和蜿蜒曲折的小径……附近的人们享受着那份安逸和舒适,经常夸赞公园的创建人——琼尼·马汶。

不错,马汶至今不懂拉丁文,微积分对他来说更是个未知数。但他知道园艺是自己的特长,今天他已经成为一名园艺家。

现在是打扫你内心世界的时候了,将所有的消极思想清除干净,做一个富有的提倡者。

(1)言行举止看富人。积极的行动会导致积极的思维,而积极的思维会导致积极的心态。反过来,积极的心态催生积极的思维,积极的思维引导积极的行动。消极心态者总是在等待,积极心态者总是在追赶。

(2)心怀必胜、积极的想法。美国亿万富翁、工业家卡耐基说过:"一个对自己的内心有完全支配能力的人，对他自己有权获得的任何其他东西也会有支配能力。"当你把自己看作成功者时,你就离财富不远了。积极和消极总是在人的心中此消彼长,就如同一块地里的庄稼和野草,不是杂草丛生庄稼枯死,就是庄稼茁壮杂草孱弱,当然,你最后收获的东西肯定也不一样。

(3)走近富人,感受积极。随着你的行动与心态日渐积极,你的信心和目标感也会日益增加。紧接着,你就应该大胆去接触那些看似遥不可及的富人们。跟积极乐观者在一起,你会更加积极,更加自信。正所谓,近朱者赤,近墨者黑。

(4)让别人感到你的重要。每个人都有一种欲望,即感觉到自己的重要性。这是我们每个人自我意识的核心。如果你能满足别人心中的这一欲望,他们就会对你抱积极的态度。另外,使别人感到自己重要的另一个好处,就是反过来也会使你自己感到重要。

◎ 培养强烈的"野心"，赋予我们追求财富的动力

有一股力量能够使你马到成功，随心所欲，不管你曾经遭遇过什么障碍、阻挠、挫折、失败，有了这一股力量，你就能排除万难，勇往直前，直叩成功之门。这股力量来自强烈的"野心"，所以，我们应当把追求成功的欲望转化为一种必须实现欲望的强烈野心，强烈的野心赋予我们追求的动力和坚强自信的能力。

巴拉昂曾是一位媒体大亨，以推销装饰肖像画起家，从贫穷到富人的蜕变，他只用了短短的10年时间，10年之后，他就迅速跻身于法国50大富翁之列，不过他因前列腺癌于1998年在法国博比尼医院去世。临终前，他留下遗嘱，把4.6亿法郎的股份捐献给博比尼医院，用于前列腺癌的研究，另有100万法郎作为奖金，奖给揭开贫穷之谜的人。

其遗嘱刊出之后，媒体收到大量的信件，有的骂巴拉昂疯了，有的说是媒体为提升发行量在炒作，但是多数人还是寄来了自己的答案。

在这些答案中，很多人认为，穷人最缺少的是金钱。这个答案占了绝大多数，有了钱就不再是穷人了，这似乎是不需要动脑筋就能想出来的答案。也有一部分人认为，穷人最缺少的是帮助和关爱。人人都喜欢关注富人明星，对穷人总是冷嘲热讽不重视。另一部分人认为，穷人最缺少的是技能。现在能迅速致富的都是有一技之长的人，一些人之所以成了穷人，就是因为学无所长。还有的人认为，穷人最缺少的是机会。一些人之所以穷，就是因为时机不对，股票疯涨前没有买进，股票暴跌前没有抛出，总之，穷人都穷在没有好运气上。另外还有一些其他的答案，比如，穷人最缺少的是漂亮，是皮尔·卡丹外套，是总统的职位，是沙托鲁城生产的铜夜壶等等。总之，五花八门，应有尽有。

那么正确答案是什么呢？在巴拉昂逝世周年纪念日，他生前的律师和

代理人按巴拉昂生前的交代，在公证人员的监督下打开了那只保险箱，在48561封来信中，有一位叫蒂勒的小姑娘猜对了巴拉昂的秘诀。蒂勒和巴拉昂都认为穷人最缺少的是野心，即成为富人的野心。在颁奖之日，媒体带着所有人的好奇，问年仅9岁的蒂勒，为什么能想到是野心。蒂勒说："每次，我姐姐把她11岁的男朋友带回家时，总是警告我说不要有野心！不要有野心！我想，也许野心可以让人得到自己想得到的东西。"

巴拉昂的谜底和蒂勒的问答见报后，引起不小的震动，这种震动甚至超出法国，影响到了英国和美国。即使是一些好莱坞的新贵和其他行业几位年轻的富翁在就此话题接受电台的采访时，都毫不掩饰地承认：野心是永恒的特效药，是所有奇迹的萌发点。某些人之所以贫穷，大多是因为他们有一种无可救药的弱点，即缺乏野心。

改变贫穷，必须从更新观念开始。敢于树立致富的野心，培养致富欲望，并为之不懈奋斗，这样，你就一定能够成功。

◎ 敢于"火中取栗"，敢为别人所不敢为

在我们身边，许多成功的富人，并不一定是比你"会做"，更重要的是他比你"敢做"。在很多情况下，强者之所以成为强者，就是因为他们敢于"火中取栗"，敢为别人所不敢为。

历史上的亚历山大大帝就为我们做出了榜样。

公元前333年的冬天，马其顿将军亚历山大率领军队进入亚洲一个城市扎营。在这里，传说着一个非常著名的神谕：谁能解开城中那个复杂的"哥顿神结"，谁就能成为亚细亚王。亚历山大听说后，雄心大起，决定驱马前去尝试。一连几个星期，他思来想去都没有解开，但又不甘心就此罢休。有一天，亚历山大突然顿悟，拔出长剑，一下将那个神秘莫测的"哥顿神结"劈成两半。于是，这个流传千年的"哥顿神结"就此被解开了。后来，亚历山

大如愿以偿成为亚细亚王。

如果亚历山大拘泥于前人制定的规则，也许成为亚细亚王的另有其人，而不会是他。有时把胆子放大一点，是最聪明的做法。敢作敢为的人，经常突破常规，在别人意想不到的时间和地点，采取出乎意料的行动，获取难以置信的成功。创业经商也是同样的道理。

在加州海岸的一个城市中，所有适合建筑的土地都已被开发出来并予以利用。在城市的一边是一些陡峭的小山，另外一边地势太低，每天被倒流的海水淹没一次，显然，两边都不适合盖房子。一位具有野心的商人来到了这座城市，凭借敏锐的观察力，他立刻想出了利用这些土地赚钱的计划。

他以很低的价格预购了那些山势太陡的山坡地和时常被海水淹没的低地，因为所有人都认为这些地没有什么太大的价值。接着，他用了几吨炸药，把那些陡峭的小山炸成松土。然后，雇佣几架推土机把泥土推平，就这样原来的山坡地变成了建筑用地。最后，他找来一些车子，把多余的泥土倒在那些低地上，直到其超过水平面，这样这些低地也变成了一块建筑用地。

谁都知道螃蟹美味可口，然而，第一个吃螃蟹的人一定是带着冒险精神去尝试的。在商业竞争中，有远见的人总是采取开拓型的经营决策，争取主动，获得比竞争者领先的优势，从而出奇制胜。

也许第一次尝试，会消磨你一往无前的勇气与一马当先的锐气，也会扼杀坚持顽强的韧劲与不懈不解的干劲。但是，碰了一次小小的"壁"，决不应该放弃，而是一次次地继续实践、不断尝试，只要付出努力，最终总会到达财富的彼岸。许多时候，我们失败的真正原因就在于并没有去"再试一次"。正是缺乏"再尝试一下"的努力，使得我们与唾手可得的财富机遇失之交臂。

一个女孩经历了诸多的挫折，始终没有找到一个成功的入口。迷茫的她，给自己放了个假，带着灰色的心情去美国旅游。

一天，她在旧金山市政厅参观的时候，难得兴致高涨，信步漫游。不知不觉来到市长办公室的门口，她不假思索地敲了门，不料一个壮实威严的保镖走了出来，惊问道："小姐，我能帮你什么吗？"她愣住了，一时不知该怎么回答，顿了几秒钟，心想既然敲了门，那就进去看看吧。于是，她精神十足地对保镖说:"我能进去看看市长吗?"

保镖上下仔细打量了她一番,说道:"你得稍等片刻。"说罢,他用监视器和市长通话,确定见面的时间和地点。不一会儿,那个胖嘟嘟的市长,大腹便便地走了出来,很高兴地和她一起聊天、拍照,就像一对早已认识的忘年交。

那一次,是她旅行中最开心、感觉最好的一天,因为她悟出了一个道理:敲门就进去。

结束了美国之行后,她顺着自己的感觉义无反顾地走下去,终于找到成功的入口,成为国内某知名证券公司银行部的经理。

她就是央视《说名牌》美女主持人之一——马嵘乔。

敢于敲门就进去,是一种难得的精神,更是走向财富的敲门砖。遗憾的是,有的人在敲响一扇门之后,心里忐忑不安,信心全无,不是迈步进去而是转身离去。既然敲了门,既然迈开了步子,为什么不进去呢?一念之间的决断,往往显得更为紧迫和珍贵。我们也许有经受长途跋涉艰辛的心理准备,但关键时刻,却缺乏敲门进去的勇气。

对于个人发展来说,敢于冒险是成为强者的必要条件。在很多情况下,强者之所以成为强者,就是因为他们敢为别人所不敢为的。

的确,冒险会具有风险,这也是许多人踌躇不敢迈步的最大原因所在。一提到"冒险",人们就会自然联想到各种危险的恶性结局。将"冒险"同"危险"等同起来的思维定势,其实是一种思维误导。如果遵循这种思维定势,你的创造性、自信心、坚韧性和发展机遇将会遭到扼杀,你就永远不可能迈出风险创业的第一步。

创业的风险是很高的,但只要你能坚持学习,不断努力,事业成功的回报将是无限的。一位富翁指出:"伟人经常犯错误,经常要摔倒,但虫子不会,因为,它们要做的事情只是挖洞和爬行。"敢于承担风险的人改变着这个世界,几乎没有不冒风险就变富的人。

如果你留意观察,你就会发现过于谨小慎微的投资者是不可能获得巨额财富的。唯有具备极强创业精神的投资者才能使世界发生翻天覆地、日新月异的变化。

那么，究竟怎样改造自己的思想，了解自己并决定是否选择冒险呢？

(1)明确告诉自己，即使你不冒险，也不可能存在绝对的安全。绝对的安全根本不切合实际，风险无处不在。一个没有纷扰、失败、问题和风险的世界是不存在的。

(2)冒险不是彻头彻尾的赌博，虽然冒险带有一定的主观色彩。真正意义的成功，不是赌博，而是靠实力、知识、机遇、决断和冒险。单靠冒险得来的成功不会长久，机会有时要求你赌一把就赌一把，但不要使自己的头脑发热得像个赌徒。时刻保持冷静的大脑，能够做到这一点的人，是一种平衡而能自制、在冒险中能够成功的人。

(3)在冒险之前，我们必须清楚地认识那是一种什么样的冒险，必须认真权衡得失——时间、金钱、精力以及其他牺牲或让步。

在敢于冒险的同时，还要善于精心运筹，这样可以避免危险结果的产生。因此，你需要注意：

(1)发挥分析判断能力。只有具有高超的分析判断能力，才能够把众多非常复杂的关联因素综合起来做出正确的判断。

(2)预备必要的应变方案。偶然性、随机性的影响因素是难以预料和避免的。你如果只有一个方案，那就要冒很大的风险。预备好必要的应变方案，才能有效应对可能出现的不测事变。

(3)充分利用主客观条件。把一些未知的不确定的因素转化为可以把握的确定因素，善于将不利的条件转化为有利的条件，你就能在困境中化险为夷。

(4)给自己上份保险。你的冒险方案需要加上有效的"保险设施"，既要使冒险留有可调节的余地，又要妥善处理失误带来的可能后果，这样可以将冒险的损失降为最低。

第三章 ■

想到位做到位，工作是实现自我价值的舞台

　　对于我们而言，工作到底意味着什么？它是一种生存的途径，还是实现自我价值的通路？是为生活所付出的代价，还是开创事业新天地、完成梦想的过程？是不得已而为之、终日到处奔波的忙碌，还是完成生命意义的方式？这是每一个人都需要思考的。

◎ 工作态度不同，带来的人生结局也不同

　　工作是什么？工作是面对人生的态度，它决定了我们快乐与否。如果你视工作为一种乐趣，人生就是天堂，如果你视工作为一种任务，人生就是地狱。事实上，天堂或地狱就在一念之间，何去何从都由自己决定。

　　三个石匠在雕塑石像，有个人路过，就问他们："你们在做什么呢？"第一个人疲惫地回答："凿石头啊，从早忙到晚，累啊！凿完这块我终于可以回家了。"这种人把工作看作是一种苦役，"累"是他们的口头禅。

　　第二个人抬头看了看，叹口气说："我正在做雕像。没办法，谁让我有妻子有孩子，他们需要吃饭啊。这活儿我不喜欢，但它酬劳很高。"这种人把工作看作是一种手段，"养家糊口"是他们工作的全部目的。

第三个人却骄傲地指着石像说："你看！我正在完成一件伟大的事业，一件完美的艺术品马上就要诞生了！"这种人以工作为荣，以工作为乐，"这个工作很有意义"是他们对工作的赞美，也是对自己的肯定。

如果我们赋予工作以意义，不论工作大小，都会使我们感到快乐，并从中有所收获；如果我们只是把它当成一件不得不做的差事，任何简单的工作也会变得困难、无趣，让我们倍感怠惰，精疲力竭。

工作态度的不同，带来的人生结局也许就会完全不同。

新东方总裁俞敏洪在他的一次演讲中曾经提到这样一个故事：

有一个大学毕业生刚来到新东方时，只找到了一份帮助学生收发耳机的工作，但是他选择了积极的工作态度。在工作时，他一边帮助学生收发耳机，一边认真听每一位老师上课。2年后，他的英语已经达到了很高的水平。同时，由于他听了很多老师的课，不知不觉地，他也掌握了很多教学技巧。

有一天，他跑去找俞敏洪，说他想当老师。当时，俞敏洪感到很吃惊："一个负责收发耳机的人怎么有能力当老师呢？"但是，俞敏洪决定给这个年青人一个机会。当他试讲之后，大家才发现他的讲课水平已经很高了。

于是他成了新东方的名牌老师，后来又担任了一家分校的校长。面对一开始看似简单的工作，他没有怠惰，而是选择了成长，生命从此与众不同。

俞敏洪由此感叹："我们的生命中充满了选择，选择不仅和心情相关，也和命运相关。但凡选择积极的、努力的、向上的生活和工作方式，命运就一定会越来越好；但凡选择消极的、被动的、懒散的生活和工作方式，命运就一定会越来越糟。我们选择什么样的生活和工作方式，决定权在自己，但现在的选择决定着我们的未来。"

工作是什么？工作是我们实现自我价值的舞台。雁过留声，人过留名。一个人，他的生命目标应该就是自我的完全展示。从这个意义上来讲，工作不仅仅是一个人谋生的本领，更是一个人生命意义的一个重要部分。

李·艾科卡是美国汽车业历史上的著名传奇人物。他在大学是学工科的，毕业后进入福特汽车公司工作，从见习工程师做起。因为他喜欢和人打交道，后来便从事汽车销售。在这一领域，他充分发挥了自己的经商天分。经过自己的努力，他以独特的市场眼光与销售方法使福特成为全球名列前茅的汽车霸主。1970年，李·艾科卡成为福特汽车公司总裁。在他任总裁的8年时间里，福特公司净赚35亿美元的利润。但由于与亨利·福特不合，后来他被解雇了。

在离开福特的同一年里，他担任了美国第三大汽车公司——克莱斯勒汽车公司的总裁。当时，克莱斯勒公司正处在1年亏损数亿美元的危难时期。李·艾科卡受命拯救残局，他力挽狂澜，带领濒危的克莱斯勒汽车公司从谷底崛起，并在其他汽车公司盈利下降的情况下，创造了高额的利润，写下美国汽车史上的传奇。

1984年4月，美国《时代》周刊的封面上刊登了他的肖像，通栏大标题是："他说一句话，全美国都洗耳恭听！"

李·艾科卡用努力工作成就了自己人生的辉煌，并且为更多的人带来了工作的机会，实现了自我与社会的双重价值。

人生最有意义的事就是工作。人的本质决定了我们必须在社会中生活和工作，并通过工作为组织、为社会、为他人创造价值，同时实现自我。

在工作中，我们可以将自己最擅长的能力发挥出来，应用到孜孜以求的事业上。我们也许都深有体会，当我们解决完工作难题时是我们最开心的时刻；得到肯定和赞扬时是我们最欣慰的时刻；获得胜利果实时是我们最骄傲的时刻；拥有事业成就时是我们最幸福的时刻……所有的这些乐趣和喜悦都是在努力工作中获得的。

◎ 工作若离开激情，任何事业都不可能完成

工作是什么？工作是一种生活的方式。人生目标贯穿于整个生命，我们在工作中所持的态度，决定了我们的生活方式是积极还是消极，这将使我们与周围的人区别开来。

例如，在很多人看来，销售工作无疑是最辛苦的职业之一。每天都在开

发新客户，维护老客户，不停地奔走在市场中，任务指标、业绩压力让人身心俱疲。所以大部分做市场销售工作的人对待他们的工作持消极的态度。

但在另外的一些人看来却恰恰相反，他们认为销售是管理者的"黄埔军校"，很多高管都是由一线销售打拼出来的。因为只有在实践中学习，积累经验，才能洞悉与把握市场规律，即使没有这个机会也应该创造这个机会。在他们眼中，每一天都是崭新的，都有新的机遇。

NTL公司的总裁伯特·威尔兹曾经说过这样一句意味深长的话："在公司里，员工与员工之间在竞争智慧和能力的同时，也在竞争态度。一个人的态度直接决定了他的行为，决定了他对待工作是尽心尽力还是敷衍了事，是安于现状还是积极进取。"不同的态度有不同的成就，两者高下立判。

一个人工作的质量决定着他生活的质量。当我们全力以赴地投入工作，从中获得成就感时，会让我们充满自尊和骄傲。而当我们做好一件工作之后，我们可以陪伴家人度过一个宁静的夜晚，或利用周末悠闲度假，或与朋友纵情把酒言欢，或沉醉在自己美好的世界里……这些生活的享受和满足都是工作带给我们的最好的回报。

工作能体现人生的价值，创造人生的欢乐，也是幸福之所在。

有一位心理学家曾经做过这样一个实验：他把10名学生分成两个小组，第一组的学生从事他们感兴趣的工作，第二组的学生从事他们不感兴趣的工作。经过一段时间，出现了这样的情形：第二组学生开始出现精力不集中的现象，他们抱怨头晕，感到腰酸背痛，而第一组学生却兴致勃勃，干得投入极了。

这个实验表明：人们疲倦往往不是工作本身造成的，而是因为对自己从事的工作没有激情，产生了应付、无趣和焦躁的感觉。这会使人觉得工作是一种负担，使人失去了活力与干劲。

西点军校的大卫·格里森将军这样说："想获得这个世界上最大的奖赏，你必须拥有献身的热情，以此来发展与展示自己的才华。"激情是人生最重要的财富之一。当我们调动了身体里蓄势待发的力量，就能够信心百倍地完成工作，做好我们应该做的事。

一个职场新人，虽然他的专业知识和经验不多，但如果有激情，那么，比起那些虽然有更多的积累，但不思进取、凡事敷衍的"老油条"型员工来，他的工作表现肯定要好得多。

哲学家黑格尔说过："离开激情，任何事业都不可能完成。"将心注入，燃起工作激情，这是工作优秀与事业成功的第一步。因为只有这样，才能想方设法，排除困难，强力执行，完成任务。

比尔·盖茨曾对朋友说道："每天早晨醒来，一想到所从事的工作和所开发的技术将会给人类生活带来的巨大影响和变化，我就会无比兴奋和激动。"这句话是他对工作激情的阐释。在他看来，一个优秀的员工，最重要的素质就是对工作的激情，这种理念已成为微软文化的核心。

微软招聘员工时，有一个很重要的标准——被录用的人首先应是一个非常有激情的人，对公司有激情，对技术有激情，对工作有激情。

微软的一位人力资源主管说出了其中的原因："我们不能把工作看成是几张钞票的事，它是人生的一种乐趣、尊严和责任，只有对工作拥有激情的人才会明白其中的意义。"

微软的员工都非常渴望参加一些全球性的公司内部会议，这些会议对新员工尤其具有强大的震撼力。成千上万的人聚在一起交流，每个人的脸上都洋溢着对技术近乎痴迷的狂热和对客户发自内心的热情。这样的会议通常是在大家的欢呼，甚至是眼含热泪的情况下结束的。如果这些场景能够激起你同样的情感，你就能够自然而然地融入其中。

一位微软人说："没有这种热情，你在和客户交流的时候就很难说服他们。这种热情来自于某种内在的东西。在微软工作，激情与聪明同等重要。"

心理学家亚伯拉罕·马斯洛的一项研究表明，在工作中能够充分发挥自己的能力，效率高、深受信赖的职场或功人士都有一个共同点，那就是他们对自己所从事的工作有一种激情与热爱。

激情意味着工作认真、负责、富于创意。著名企业家马云说过："成功者至少需要兼备两种品质，一是大胆执着的性格，二是对市场的敏锐嗅觉。"职场的佼佼者无一不对自己的事业执着热爱，并全身心地投入。

有人用"外圆内方"来形容复星集团董事长兼首席执行官郭广昌。他永远保持着那种随时可以调动起来的激情。激情让他不断克服困难，找到新的机会，而理性让他拥有正确的方向。

郭广昌有一句被反复引用的话："商人必须理性和激情兼具。"他解释说：商人必须是理性的，因为他面对的是一个真实的金钱关系的博弈。但是商人和艺术家其实是一样的，都必须具有天赋和激情。不是编一个计算机程序，就能造出一个艺术家，同理，企业家也不可能按同类模式产生。"

他非常注重员工在工作中是否有激情，为此，一次公司晨会结束时，他曾声色俱厉地对下属们说："我对今天的会很不满意，你们发言时没有一点激情，拿着稿子照本宣科……"

他对激情有着独到的诠释："商人的天赋就在于他能不能敏锐地体会到市场中的机会。而激情对于企业家同样重要，只有具备了激情，才能克服一个又一个的困难。就像打仗一样，一个个小的胜利，才能最终变成一个大胜利。只有具备了这样的激情，才可能具备为一个宏大目标而奋斗的耐心。"

◎ 专注于工作，是实现工作目标的必要条件

一位农场主巡视谷仓时，不慎将一只名贵的手表遗失在谷仓里。他遍寻不获，便定下赏价，承诺谁能找到他的手表，就给他50美元。

人们在重赏之下，都卖力地四处翻找。可是谷仓内到处都是成堆的谷粒，要在这当中找寻一只小小的手表，谈何容易。许多人一直忙到太阳下山，仍一无所获，只好放弃了50美元的诱惑回家了。

这时，谷仓里只剩下一个贫困的小孩，仍不死心，希望能在天完全黑下来之前找到它，换得赏金。谷仓中慢慢变得漆黑，小孩虽然害怕，仍不愿放弃，不停地摸索着。

突然他听到一个奇特的声音滴答、滴答不停地响着，小孩顿时停下所有的动作，谷仓内更安静了，滴答声也变得更加清晰，这是手表的声音。终

于，小孩循着声音，在漆黑的大谷仓中找到了那只名贵的手表。

这个小孩成功的法则其实很简单："专注地对待一件事，你就会打开成功的门栓。"著名的企业家马云这样说："人一辈子专注地对待一件事，……这个世界不是因为你能做什么，而是你该做什么……看见10只兔子，你到底抓哪一只？有些人一会儿抓这只兔子，一会儿抓那只兔子，最后可能一只也抓不住。重要的任务不是寻找机会而是对机会说'NO'，机会太多，只能抓一个。"专注于一个点把它做深、做透，这样才能积累所有的资源。

在我们的工作中，专注就是有所不为才能有所为，专注于目标，专注于方向，就是专注于成功。

秘书陈晓常常抱怨说："要打印老板交给的文件，要去银行交电话费，要给客户回电子邮件，要……简直都快忙死了。有时候真不知该如何下手。"不过，每次抱怨完了以后她还要去做事，因为事情并没有得到解决，而她的心情也在不断的抱怨中变得极为恶劣。

其实，陈晓之所以忙到"不知如何下手"，并不是因为她的工作真的多到让她不堪重负，而是因为她没找到解决问题的最佳方法，常常试图同时做无数的事情，所以总是没有头序、杂乱无章。如果她能够坚持一次只做一件事，那么她的工作就会轻松许多。

莉莉在火车站的咨询室门口工作，她每天都要接待大量的人群，这些来去匆匆的旅客们常常抢着问自己的问题，并企图能够立即获得答案。但她并不感觉紧张，常常镇定自若地应对大量缺乏耐心和态度粗暴的旅客。当同事们向她询问秘诀时，她淡淡一笑说："一次招待一个旅客就好了。"

有一次，她面前出现了一个又高又胖的男士，他的衣服已被汗水湿透，满脸焦虑与不安。由于周围人太多太吵，莉莉不得不倾斜着身子，以便能听清他的声音。她认真看着这位先生问："你要去哪里？"

这时，有位富态的太太试图插话进来。但是，莉莉旁若无人地继续问这位先生："你要去哪里？"

对方说："春田。"

莉莉继续问："是俄亥俄州的春田吗？"

对方纠正说："不，是马萨诸塞州的春田。"对方需要的答案早已经刻在莉莉的心上，她马上回答说："那班车是在30分钟后才发车，在第8站台。你慢慢走，你的时间很充足。"

对方想确认一下，问："你说是第8站台吗？"

莉莉微笑着说："是的，先生。"

等那位先生转身走开后，莉莉立刻开始接待那位富态的太太。但是，没多久，那位先生又回来问站台号。"你刚才说的是11号站台？"这一次，莉莉只把注意力放在富态的太太身上，并不理会这位先生的询问。而这位先生也并没有生气，他耐心地等着莉莉回答完那位太太的问题，然后来解决自己的问题。

就这样，虽然每天都要做很多工作，但莉莉给人的感觉始终是镇定自如。

是的，很多时候事情就是这么简单，一次只做一件事。你就可以从繁杂的事物中解脱出来。如果你只是想让自己的工作高效而简单一点，却没有找到好的应对办法，那么结果往往既不高效也不简单。所以，当你感到力不从心的时候，不妨把精力集中起来只做眼前的这一件。

曾经有人问爱迪生："成功的首要因素是什么？"爱迪生回答："人们整天都在做事，但大部分在做很多很多的事，而我却只做一件事。如果你们将这些时间运用在一件事情、一个方向上，那么你就能取得成功。"

同样的，比尔·盖茨在谈到他的成功经验时也说："我不比别人聪明多少，我之所以能够走到其他人的前面，不过是因为我认准了一生只做一件事，而且要把这件事做得更完美而已。"专注于工作，是实现工作目标的必要条件。

◎ 换种思路看工作，为你自己工作

我们经常听到公司员工有这样的说法：我这么辛苦，但收入却和我的

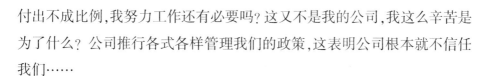

付出不成比例，我努力工作还有必要吗？这又不是我的公司，我这么辛苦是为了什么？公司推行各式各样管理我们的政策，这表明公司根本就不信任我们……

公司与员工之间经常会有冲突，员工常常感到公司没有给予自己公正的待遇，其实，产生这样的想法是因为你和公司所处的角度不同。公司的老板希望你比现在更努力地工作，更加为公司着想，甚至把公司当成自己的事业来奉献。而你站在员工个人的角度来考虑问题，你自认为已经很努力了，工作占用了你大部分的精力和时间，但公司只给了你不相称的待遇。

你可能感慨自己的付出与受到的肯定和获得的报酬并不成比例，但是你必须时刻提醒自己：你是在为自己做事，你的产品就是你自己。

在这里，我们提出的理念是希望员工站在公司的角度思考问题，换个角度，你得出的结论就会不同。如果你是老板，一定会希望员工能和自己一样，将公司当成自己的事业，更加努力、更加勤奋、更加积极主动。现在，当你的老板向你提出这样的要求时，你还会抱怨吗？还会产生刚才的想法吗？

我们没有必要把自己的想法强加给别人，却必须学会从别人的立场来看待问题，这样可以避免很多不必要的冲突。

具有"管家意识"，像老板一样思考

新婚洞房，羞羞答答的新娘正想对新郎说些什么，忽然看到几只老鼠在吃大米，于是掩口笑道："老鼠正在吃你家大米！"第二天，新郎还在美滋滋地睡觉，新娘已经起来了，低头穿鞋，不经意又看到老鼠在吃大米，大怒："该死！竟敢吃我家的大米！"说话间，就把自己的鞋子扔了过去，老鼠四散逃跑。

一夜间，新娘的心就过门了，从"你家"变成了"我家"，成为了新家的女主人，新娘成为了这个家的一分子，开始为这个家奉献自己的劳作，只为更美好的生活。假设公司是新家，新娘是你，试问，你的心过门了吗？

把企业当做自己的家，这也许对有些人来说太过了，那么，至少也要做个"忠实的管家"。在一个企业里工作，首先要让心"过门"。把自己当做企业的管家，才能付出十二分的努力。

美工安泰公司是一家行业信息和图书出版公司，总部位于纽约洛杉矶一个小镇上。公司的每一名员工都责任心十足，常常提出一些让其他公司匪夷所思的小建议，正是这种细节性的小问题，让美工安泰每年的经营成本比同行业企业降低了一个层次，成为同行业中竞争力最强的公司之一。

一次，一个运务员建议说，公司在下一次重印一种图书时，应该考虑适当缩减成品纸张的尺寸，那样在交付海运时，就可以将运费费率降低一个档次。公司采纳了他的建议，结果仅仅在第一年度，就节省了50万美元的运费！

公司主席马丁·埃德斯顿感慨地说："我在图书邮购业已经干了23年，却从来不知道还有个第四类邮件运费费率，但是，每天负责运送图书的人对这个再清楚不过了！"

管家意识，并不是让你盲目兼顾，不顾实际一心只想当老板，对现在的工作不予重视，而是强调要树立一种责任意识，从老板的角度思考公司的问题。

英特尔总裁安迪·葛洛夫应邀到加州大学伯克利分校作演讲时，为即将毕业的学生提出了一个职场工作的建议："不管你在哪里工作，都别把自己只是当成员工而应该把公司看做是自己开的一样。"

当然，这番话后的真正含义并非让你对企业的事物指手画脚、横加干涉，而是希望你能提高自己的责任意识，积极主动地为自己的工作负责，为所在企业负责。这样，不仅让所在企业收益匪浅，更重要的是能让你更快更好地在职场生存。

世界知名企业IBM的所有新进职员，在参加公司的培训时，都会受到公司灌输的保持"像上司和老板一样思考"的工作态度的思想，对与自己工作相关的同事和相关领域内的资源都要有所了解。并要积极主动地和上司保持有效沟通，保持高度的工作热情，逐渐培养独立解决问题的能力。

"像老板一样思考"这种工作态度是IBM的创始人老托马斯·沃森提出的。在公司举行的一次销售会议上，老沃森先介绍了公司当前的销售情况，分析了面临的种种困难。整场会议下来，大多都是老沃森自己在说，其他人显得烦躁不安，尤其是新进职员。

会议从下午一直持续到黄昏，气氛异常地沉闷，忽然老沃森缄默了10秒钟。当大家发现这个停顿有些不对劲纷纷抬起头的时候，发现他在黑板上写了一个大大的"THINK"(思考)，然后转身对大家说："我们在做事和解决问题时，缺少一个理念即思考，对所有问题的思考。大家时刻要记得，我们都是靠工作赚得薪水的，只有也必须把公司的问题当成自己的问题来思考，才能更好地解决工作中的难题和困境。"之后，他要求每个人对公司目前的处境提出一个建议，实在没什么建议的，可以针对他人的问题，阐述自己的观点和看法，否则就不能离开会场。

结果，会议获得了空前的成功，许多公司中存在的问题都一一找到了行之有效的解决方法。

从此，"像上司和老板一样思考"成了所有IBM员工的座右铭。由于其深厚的企业文化，使在IBM公司工作的人都有一种涌自内心深处的荣誉感。这种荣誉感也是推动IBM公司这列高速火车朝向企业目标前进的动力。

IBM公司员工都会很骄傲地告诉人家，"我在IBM公司工作！"

IBM院士、美国工程院院士、IBM中国软件开发中心总经理郑妙勤女士表示："作为一名在IBM公司从事数据库研究的工作者，我为自己的工作和IBM数据库感到自豪。"

"神六"飞天离不开航天英雄的巨大荣誉感和使命感的支撑。

"神六"座舱只有9立方米空间，在这种极其有限的狭小空间内生活5天，对于正常人来讲，是一个几乎不可能完成的任务。然而经过严格训练的两位飞天英雄——费俊龙和聂海胜却在封闭式的座舱内度过了5个日夜。他们在刷新神州大地宇航载人记录的同时，也经历了一场自我心理考验战。

上海中医药大学博士生导师、中华医学会副主任委员何裕民教授认为：若非宇航员的太空舱，一般情况下人在进入局限空间前必须加以确认，其心理应该会先产生"动机效应"，即有一个信念支撑，否则长时间处于封闭空间对人的身体和心理的伤害是非常大的。倘若不是宇航员"飞天"巨大的荣誉感和使命感使费俊龙和聂海胜心理上有这么一个"动机"的话，普通人是很难健康地在这9立方米的空间内生活5天的，或多或少地都会引起心理或生理上的不适。

从事任何一项工作，都必须依靠一种精神力量和内在动力去推动。一名没有"管家意识"的员工，能成为一名积极进取、自动自发的员工吗？

例如，公司之所以推行各式各样的政策，纯粹是为了防患于未然。站在公司的角度，风险防范的重要性丝毫不亚于业务拓展。经常有员工抱怨公司推行的政策不合理、机制缺乏弹性，然而平心而论，绝大多数员工都只能做到"提出问题"，而没有能力"解决问题"。

如果看问题只懂得从个人利益和职务的立场去看问题，不能从老板和企业发展的角度上去考虑问题，这样就会导致本位主义和个人主义流行，为公司的发展带来很大的隐患。那些在工作中比较崇尚个人主义，过于看重个人和小团体利益的人，实际上是没有认清自己在公司的位置，那么他们在观念和行动上难免就会错位，无法发挥自己应有的作用。

站在老板的立场思考的员工，具有极强的任务意识，而且还具有强烈的使命感，如果那样的员工站在公司的角度看问题，就会发现公司真正需要怎样的员工，然后他们就会朝公司需要的那种员工发展，进而使自己变得对于公司、上司不可或缺、无可替代。这样的你不仅对于公司来说更有价值，而且也会使公司和你自己都有所收获，达到双赢，这才是优秀员工应有的表现。

因此，站在公司的立场，我们要经常问自己下列问题：如果我是老板，我对自己今天所做的工作完全满意吗？回顾一天的工作，我是否付出了全部的精力和智慧？我是否完成了企业给自己、自己给自己所设定的目标？我的言行举止是否代表了企业的形象，是否符合老板的立场？

将心比心，真诚地感谢你的老板

5年前，同学甲和同学乙是大学同学，毕业后一起到南方，通过招聘会到了一家计算机软件公司，负责某种办公软件的设计开发。坦率地说，这个

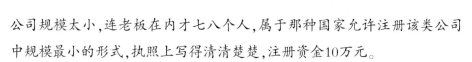

公司规模太小，连老板在内才七八个人，属于那种国家允许注册该类公司中规模最小的形式，执照上写得清清楚楚，注册资金10万元。

可是进去后才知道，连这10万元可能都有水分，只从当时的办公条件就可以判断：一间废弃的地下室，阴暗、霉臭、潮湿，天一下雨，天花板上凝聚而成的水滴便源源不断地往下滴，电脑上都要罩着厚厚的报纸，连个厕所也没有。

尽管环境如此恶劣，但值得欣慰的是，他们的产品市场前景很好，但资金的瓶颈随时可能将美好的梦想扼杀于萌芽状态。最要命的是，产品没有品牌，只好赊销，而且迟迟收不回货款，资金储备又少，公司连员工的工资都无法按时发放。显而易见，这样的公司与那些实力雄厚的公司很难竞争。3个月后，同学乙动摇了，劝同学甲也不要干了，有的是好公司，干吗在一棵树上吊死？老板连他自己都无法自保，哪里还有股份给你？

公司的老板比他们大不了几岁，看上去完全是一副书生模样，态度很诚恳。看到老板每天没日没夜地奔波和劳碌，几个人又不忍心开口说离开。创业前期都是很艰辛的，现在这种情形老板也是迫不得已。同学甲过生日的时候，老板在自己的家里为他过，亲自下厨，说了很多抱歉的话，听到老板的肺腑之言，其他几个人也就不忍心走了。他们终于咬咬牙决定留下来与老板一起创业。几年后，经过无数次市场风雨的打磨，他们公司的产品终于在市场上打开了销路，获得了成功。

公司不仅给我们提供舞台，还为我们提供展示能力、锻炼能力和发挥潜能的机遇，让我们实现人生抱负，拓展职业人生，员工理应为此感恩。具备感恩之心与敬业精神的员工，便会敬业工作，赢得老板器重，从而形成一种良好的循环。

其实，只要我们换种思维，将对老板的抱怨换成对老板的感恩，自然会全力以赴完成老板交待的每一项任务。

王晓到宝洁公司应聘部门经理，公司总经理告诉他要先试用3个月，然后就把他安排到商店去做一名普通的销售员。起初王晓很不理解，自己有很好的学历背景，又有一定的工作经验，总经理凭什么让自己从基层干起呢？但随即王晓又转换了想法，他从老板的角度考虑，如果自己一上来就被安排在管理者的位置，在不了解公司的情况下，很有可能就担不了大任，这对老板来说，可能就是更大的损失了。

于是，王晓安下心来从最简单、最基本的工作做起，全面了解公司，熟悉各种业务，他在销售员岗位做得很出色，取得了不小的业绩。3个月试用期满，总经理将他叫到办公室，通知他已经通过了公司对他的考验，可以正式就任部门经理了。

在王晓出任部门经理的半年中，他带领部门积极配合总经理的工作，紧跟公司的发展策略，取得了辉煌的业绩，为公司的发展作出了巨大贡献，深得总经理的青睐。1年之后，总经理调回本部，临走时他推荐王晓出任总经理一职。

作为公司的员工，从你进入公司那一天起，你就要与王晓一样，与老板换位思考，学着理解公司和老板。这样，更有利于我们站在老板的角度考虑问题，进而理解老板的工作方法与处理问题的方式。

当你试着待人如己，多替老板着想时，你的善意就会无形之中表达出来，从而感动和影响包括你的老板在内的周围每一个人，你将因为这份善意而得到应有的回报。任何成功都是有原因的，不管什么事都能悉心替他人考虑，这就是你成功的原因。

我们在一个单位工作，是股东或老板自己出资组建了公司，为我们提供了一个尽情展现自己才华的良好平台。他们还会在工作中给予我们帮助，让我们真真正正成为一个成熟的职业人。从这个意义上说，他们是我们职场生涯中的导师，给我们时间，帮助我们成长。

将心比心，推己及人，站在老板的立场上去感受和体会，带着一颗"同理心"去工作，就会为自己有幸成为公司的一员而感恩，为自己能遇到这样一位老板和老师而感恩。挂在嘴边的口头禅也将不再是对老板的抱怨，而是对老板的感恩。同时你也会更加勤奋地工作，最终成为老板器重的优秀员工。

不是抱怨，而是改变

要想在工作上取得突破光抱怨是绝对不行的，我们首先应该想想如何改变，才能把工作做得更好。要想把工作做得更好就需要一种积极思维，一种阳光心态，一种向上的工作理念。

积极思维就是要求我们在工作中处理任何事情都应该首先从积极、主动、乐观的角度出发，去思考和行动，促使事物朝有利于工作完成的方向转化。戴尔说："我喜欢热情、爱不断学习、对工作充满兴趣、善于自我挑战的人。"常持消极思维的人，不能承担责任，老板当然不会委以重任。

小张被派去操作一个项目——改善某企业的人力资源管理工作。一两个月后他回来了，看上去特别沮丧。他跟上司抱怨了一个多小时，说这个企业太糟糕了，管理太差劲了，制度也非常不公平。

上司听完后笑了笑说："你知不知道，你得出的那些结论，他们的员工在以前早就抱怨过了。这个公司在人力资源管理上确实很有问题，你和他们的员工一样，都是对的。但我之所以让你去，是要你提出解决这些问题的办法，而不是发现问题后在这儿抱怨。其实所有人都是聪明人，谁都能够看出问题，谁都能很容易否定一件事情，但是我要你做什么？不是做聪明人，而是做能改变这一切的人。"

后来，小张成长为一名优秀的咨询顾问，他总结说："那一次，我学到了我职业生涯中最重要的一堂课，就是不要抱怨，而要改变。"

事实上，不论在什么时候，我们都需要保持积极的思维和阳光的心态，以这样的工作状态去面对困难和压力。如果你真的做到这一点，那么，解决困难的办法往往就会从我们的潜能中被挖掘出来，问题也会迎刃而解。

小刘是某企业的一位行政管理人员。他经常向人抱怨他的老板，说老板又给他布置了很多任务，而他认为这些任务根本没有意义，说这个老板真不会办事情，跟客户谈话都不知道怎么谈，这样的老板根本不值得为他做事，还说老板太苛刻，总是把他的时间安排得满满的……

开始时还有人帮小刘出主意，给他忠告：作为下属改变不了你的老板，就要改变你自己，不能希望一个资历、地位、收入都比你强的人因为你的抱怨而改变，还是多想想自己的问题，多找找自己的不足，自己改变了，才能改变别人和环境……

但他并未领悟到这些，依然故我地不停抱怨着，他被视为企业中消极因素的"播种机"。终于有一天，他被辞退了。

"不是抱怨，而是改变"还有一层意思就是：在很多时候要改变自己，而不是改变别人。既然不能改变环境，就要从自己身上找答案，使自己拥有积极思维，直面问题，否则只能自食苦果。

具体来说，改变分为3个步骤。

首先，我们要学会提建议。

1889年，柯达的创始人乔治·伊斯曼收到一份普通工人的建议书，该建议书呼吁部门要将玻璃窗擦干净。这虽然是一件小到不能再小的事情，伊斯曼却看出了其中的意义所在，他认为这是员工积极性的表现，于是立即公开表彰、发给奖金，从此建立起一个"柯达建议制度"。

如今，在柯达公司的走廊里，每个员工随手都能取到建议表，丢入任何一个信箱，都能被送到专职的"建议秘书"手中，专职秘书负责及时将建议送到有关部门审议、作出评价，建议者随时可以直接打电话询问建议的下落，公司设有专门委员会，负责审核、批准、发奖，对不采纳的建议，也会以口头或书面的方式提出理由。迄今，该公司员工提出建议已达上百万个，其中有1/3以上被公司采纳。柯达的成功经验，立刻被其他各大企业纷纷效仿。

其次，光提建议还不够，还要有解决的方案。

提建议，只是迈出了主动的第一步。比尔·盖茨说："思考还要与实践相结合。"我们再来看看工厂的小工是如何帮助自己的老板解决了一个大难题的。

故事发生在美国鞋业大王罗宾·维勒的工厂里。当时，罗宾的事业刚刚起步，为了在短时期内取得最好的效果，他组织了一个研究班子，制作了几种款式新颖的鞋子投放市场，结果订单纷至沓来，以致工厂生产忙不过来。

为了解决这个问题，工厂想办法招聘了一批生产鞋子的技工，但还是远远不能解决工厂生产忙不过来的问题。如果鞋子不能按期生产出来，工厂就不得不给客户一大笔钱作为赔偿。于是，罗宾召集大家开会研究对策。主管们讲了很多办法，但都行不通。这时候，一位年轻的小工举手要求发言。

"我认为，我们的根本问题不是要找更多的技工，其实不用这些技工也能解决问题。"

"为什么？"

"因为真正的问题是提高生产量，增加技工只是手段之一。"大多数人觉得他的话不着边际，但罗宾却很重视，鼓励他讲下去。

他怯生生地提出："我们可以用机器来做鞋。"

这在当时可是从来没有过的事，小工的话立即引起大家的哄堂大笑："孩子，用什么机器做鞋呀，你能制作出这样的机器吗？"

小工面红耳赤地坐下了，但他的话却触动了罗宾。罗宾说："这位小兄弟指出了我们的思想盲区，我们一直认为问题是应该招更多的技工，但这位小兄弟却让我们明白，真正的问题是提高效率。尽管他不会制造机器，但他的思路很重要。因此，我要奖励他500美元。"

于是，罗宾根据小工提出的思路，立即组织专家研究生产鞋子的机器。4个月后，机器生产出来了。从此，世界进入了机器生产鞋子的时代，罗宾也由此成为美国著名的鞋业大王。

要提建议，但是更要带着解决的方案去找老板，不管老板最后有没有采纳。如果你只是一味地提出建议而无任何方案，你就只是行使了员工的权利，却没有尽到员工的义务。

最后，要论证你方案的可行性。

中国"打工皇帝"唐骏当年还是微软公司的小程序员时，发现了Windows在多语言开发模式上的错误，他同时注意到，其实当时有很多人都发现了这个问题，甚至有不少人向经理提交了自己的书面解决方案。后来，唐骏才知道这些方案共有80多份。

唐骏曾经做过公司的老板，知道老板管只会提建议的人叫"挑刺的人"，这类人往往会让老板讨厌。而那些提出问题又能提出解决方案的人，老板会有好感，却也不会重用。为什么？道理很简单，你的办法是否可行？你有没有合理的论点和数据来论证出方案的可行性？嘴巴上说说我们都会，但老板最信任的是，除了做到前面两点，还能论证出方案可行性的人。这个亲身体会和总结，成为唐骏后来在微软职场上生存的法宝。

"与微软的其他员工相比，我在技术方面是最差的。我若在技术上与他们竞争，过许多年我也不过是个普普通通的员工，顶多当个高级工程师。因此，我的思路是避开同他们在技术方面的正面竞争，走差异化的竞争路线。我只有找到自己的核心竞争力所在，并把它发挥到极致，才有可能从上万人中脱颖而出。"唐骏当时是这么思考这个问题的。

既然仅提交书面方案效果甚微，唐骏就开始发挥自己的勤奋特长，他利用晚上和周末的时间将自己的开发模式进行实验论证，并得到了完全可行的结果。然后，唐骏写了一份书面报告，不仅提出问题也解决了问题，将自己编的程序都写进了报告中。

"Jun，你不是第一个提出这个问题的人，也不是第一个带来解决方案的人，但你是唯一一个对解决方案找到论证办法的人。"唐骏的直接上司这样评价他。

唐骏说："一个好员工，要建议，还要有解决方案，并且努力证明自己的方案可行，才会得到老板的重视和信任。"的确，他就是通过走差异化竞争路线，不仅发现问题、提出问题，还带着解决问题的方案，最终获得了很多人都没想到的成功。

日本管理学家川上真史在他的《改变公司的员工在哪里——寻找公司的发动机》一书中提出一个问题：我们的企业到底缺乏什么样的员工？能够改变公司命运的人是什么样的呢？在这本书中，他给出了下面的答案：

①他们不把问题当问题，而把问题当课题；

②他们有勇气迈出第一步；

③他们能及时、准确地发现知识和信息；

④他们时刻张开天线接收一切能为企业带来效益的资讯；

⑤他们能对企业的问题进行透彻的分析、探讨并解决；

⑥他们善于用自己的语言来表达观点、远见和计划。

◎"附加值"实现"富加值"——为工作贡献汗水，更要贡献智慧

有的人发现，自己也在很努力的工作，忠于企业，然而成就却远远落后于他人。这是为什么？这时，请不要轻易抱怨，而应该先问问自己，问题到底出在哪儿？

优秀的员工都在努力工作，但他们之中的一些人会主动积极地为企业献计献策。当各种各样的问题发生后，他们会站在企业的角度，不推诿、不躲避，想方设法地解决，为企业提供更多的"附加值"，而不是指到哪儿动到哪儿，领导不说就不做。

每个企业都喜欢能够提出新思想、好方法的员工，因为这不仅能够解决工作中的实际问题，还有利于激活竞争力，善于创造性工作的得力员工是企业不可缺少的力量。

只有凡事想到位、落实好，才能创造更多的价值，才能赢得更多的信任和机会，才能在工作中不断地成长进步，最终为自己的职业提供"富加值"！

下面两个年青人的故事对我们或许会有所启迪。

有两个同时大学毕业的年轻人，被同一家企业录用。2年以后，其中一位已经提升为业务主管，而另一位却还在基层默默地工作。他觉得很委屈，因为他认为自己比得到提升的那位同学兼同事更加尽力。

第三年，他的同学已经被提到一个重要部门的经理位子上了。终于，他忍无可忍，向总经理递交了辞职信，并抱怨自己一直辛勤工作却得不到提拔，而其他人却一帆风顺。

总经理耐心地听着，他了解这个业务员在工作中很尽力，但似乎又缺少了点什么。后来他想到了一个主意："这样，"总经理说，"你马上到客户那儿去一下，看看今天牌橄榄油出货的价格行情怎么样。"

没过一会儿，他很快就从客户那儿回来了，并向总经理汇报说："牌橄榄油客户今天售价138元/瓶，客户反映近期送货的时间比较长，我让他向公司客服反映，做个登记。"

"客户那儿现在还有多少存货？"总经理问。

这个业务员连忙又跑去，回来后汇报说："有52箱。"

"他现在卖的情况怎么样？"

这个业务员又一拍脑袋，"那我再去问问他吧。"

总经理望着气喘吁吁的他说："你还是休息一会儿吧，看看你的同事是怎么做的。"说完叫来他的那位同学："你马上到客户那儿去一下。看看今天牌橄榄油出货的价格行情怎么样。"

这个年轻人也很快从客户那儿回来了，汇报说：牌橄榄油客户今天售价138元/瓶，存货还有52箱，近期出货量明显加大，考虑到马上会进入销售旺季，他已经给客户做了一个预进货的方案。

同时他还了解到客户现在正打算做一个市场促销活动，他看了活动的方案，给客户提了一些具体操作的意见，现在把客户的方案也拿回来了，请总经理有空时可以看一下。

另外，客户反映近期发货慢，他回来的路上联系了物流公司。物流公司解释是因为近期人手出现了问题，所以没有及时到货，以后不会出现类似情况。在沟通解决后，他马上打了电话向客户致歉并做了说明。

听着这一切，这个抱怨没有升职的业务员再也不说话了。

上面故事中，第二个业务员跑一趟就将所有的情况都弄清楚，并将所有问题给出了解决方案并处理完了。既省时省力，又扎实高效。卖力去做并不等于就把事情做好做到位了，如何高效扎实地完成任务才是问题的关键。

既能想到位，又能做到位，这样的员工才会显现出更大的价值。这就是他获得提升的真正原因。

日本JR电车每当碰到下雨天一定会在车内广播："请不要忘了自己的伞。"但丢伞事件在车上还是时有发生。

有位员工提出了异议："一成不变的广播词有何意义呢？"这个广播无非是要提醒乘客注意，不要将伞遗失在车上罢了，但因为例行公事而没有新意，导致乘客出现了听觉"麻木"。

这位员工提出了一个好的想法，如果在广播中改说："目前送到东京车站遗失物品管理处的雨伞，已超过300把，请各位注意自己手边的伞。"这样，乘客们一定会洗耳恭听。事实证明果真如此。

从此，忘记带雨伞的情形大为降低，乘客们对电车公司的细致服务纷纷表示满意，这位员工也因此得到了老板的赏识。

我们可以换位思考一下，如果你是老板，有人只要一遇到困难和问题就会来找你汇报，希望你出面摆平或解决，或者一个劲儿地抱怨客观情况如何不好，像一个问题的传声筒。你还会考虑将重要的位置留给他吗？在你交付一件事情以后，尽管他已经做到汗流浃背，但还是不能如期高质量地完成。你还会再考虑将下一件重要的工作交给他吗？……答案是显而易见的。

正如GE公司前CEO杰克·韦尔奇所说："在工作中，每个人都应该发挥自己最大的潜能并努力地工作而不是浪费时间并寻找借口。要知道，公司给你安排这个职位，是希望你能解决问题，而不是为了听你诉说困难，并对困难进行长篇累牍的分析。"

在一个纺织企业里，厂长视察后跟生产主管说："说实在的，我觉得现在员工的左右手反应太慢，工作效率极低，你能想想办法吗？"

这位主管略加思考后，建议厂长组织员工每天利用业余时间去练乒乓球，在轻松愉快中锻炼手部的反应能力。结果半年以后，员工的工作效率大大提高，这真是皆大欢喜。

这位主管处理问题的能力和思考的水平给厂长留下了深刻的印象，认为他是一个得力的人才，最终得到了重用。

记住这句话吧——贡献汗水，更要贡献智慧；要努力，更要得力！

有的人感叹自己一辈子注定只能拿死薪水，发展的前途渺茫。其实这时不妨扪心自问一下："我负责的每项工作是否都用心地去做了？是否仔细研究了自己工作中的每个细节？为了给企业创造更多的价值，我是否在不断学习，提升工作技能，找到更好的工作方法？我对所做的每一件事都尽心尽力了吗？……"

如果对这些问题无法做出肯定的回答，那就说明我们做得并不比他人好，也就不必疑惑为什么自己比他人聪明，却长期得不到提升。

请记住：用心才能优秀！

小李担任某宾馆前台的收银工作，这是一项要求十分细致的工作，它不仅要求工作人员要有熟练的专业技能，还要热情地与客人沟通，真正做到令客人满意。为此，她一直严格要求自己，用心观察并向老员工请教，同时，还通过阅读和参加培训等方式不断提升自己的工作技能与水平。

有一次，她在前台值班时，有位客人过来，要求将一张餐费发票更换为会务费发票，接过发票后她仔细检查鉴别，发现字迹及颜色都不太对，可能是假的。她就一边稳住客人，一边将发票的印章、打印字体再仔细核对了一遍。当她认定确实是张假发票时，就在第一时间内通知了主管并马上报警，而她则继续与此人周旋。

由于她的用心工作，避免了宾馆可能的损失，并维护了宾馆的良好形象。她也一步步得到公司的重用。

在每天的工作中，总有这样或那样的问题出现，企业迫切地需要那些勤于用脑、善于化解矛盾、处理问题的员工。一个用心思考、善于解决问题的员工对于企业来说是一种财富，也是职场的佼佼者。

乔治·古纳教授介绍了这样一个案例：

一家公司的经理收到一封非常无礼的信，信是一位代理商写来的。经理怒气冲冲地回复了一封同样很不客气的信，并叫秘书立即打印出来，马上寄出。对于经理的命令。这位秘书有四种选择：

第一种：照办。也就是秘书按照经理的安排，遵命执行，马上回到自己的办公室把信打印出来并寄出去。

第二种：建议。如果秘书认为把信寄走对公司和经理本人都非常不利，那么秘书应该想到自己是经理的助手，为了公司的利益，有责任提醒经理，哪怕是得罪了经理也值得。她可以这样对经理说："经理，这封信不能发，撕了算了，何必生这样的气呢？"

第三种：批评。秘书不仅没有按照经理的意见办理，反而向经理提出批评说："经理，请您冷静一点。回一封这样的信，后果会怎样呢？在这件事情上难道我们不应该反省反省吗？"

第四种：缓冲。就在事情发生的当天下班时，秘书把打印出来的信递给已经心平气和的经理说："经理，您看是不是可以把信寄走了？"

这位秘书选择了第四种"缓冲"。理由是：

第一种"照办"，对于经理的命令忠实地执行，作为秘书确实需要这种品质，但是仅仅"忠实照办"，仍然可能是失职。

第二种"建议"，这是从整个公司利益出发的。对于秘书来说，这种富于自我牺牲的精神固然难能可贵，可是这种行为超越了秘书应有的权限。

第三种"批评"，这种做法的结果是秘书干预经理的最后决定，是一种越权行为，是最不可取的。

第四种"缓冲"，在秘书的职责范围内，她用冷静的办法给了经理一段缓冲期，让他更好地审视自己的行为是否合适。

这位秘书正是以自己用心的工作态度，凡事想到位，仔细地考虑了种种利弊，既无越权之嫌，又收到了良好的效果。

◎ 想干，会干，能干——头脑的区别就是工作效果的区别

"想干与不想干"是有没有责任感的问题，是"德"的问题；"会干与不会干"是"才"的问题，但是不会干是被动的，是按照别人的要求去干；"能干与不能干"是创新的问题，即能不能不断提高自己的目标。

有这样一个实验。把一群老鼠分成两个小组，两个实验员分别对这两组老鼠进行训练。一段时间后，对这两群老鼠进行穿行迷宫测试发现，A组

老鼠比B组老鼠聪明得多，都先走出去了。

事实上，对两组老鼠的分组是随机的，只是当时把其中的一组说成是聪明的，而把另一组说成是普通的。由于实验员已经确认A组为聪明的老鼠，于是就用对待聪明老鼠的办法进行训练，另一组则用对待普通老鼠的方法进行训练而已。

通过上例的这个实验，我们不难发现，对同样个体而言，不同的定位与态度会导致不同的结果。

当工作中遇到难以解决的问题时，一些员工往往会直接推给上司，被动地等待上司给出解决办法，然后照章办事。他们认为即使出了问题也是上司的责任，与己无关，就算问题没解决，反正也汇报给上司了，自己也不会被责怪，这样才是最安全的。

这样的员工，其实是把自己定位在一种打工的状态，认为企业的一切都是老板的，事不关己，所以理所当然应该由上司来操心。但他们未曾想到，如果工作中没有主张和见解，没有解决问题的能力，企业为什么要提拔这样的人？其结果也正像上面故事中的普通老鼠一样。

把问题都推给上司这种做法存在着很大的弊端，上司不可能对每项工作十分精通、专业，因此，提供的解决方案也不一定是最科学的。

经常听到管理者们这样说："有一些员工，真不知道他们是怎么回事，什么事也干不了，而且好像什么事也不想干。不管是大事小事，都要跑过来问：'老板，您看这个怎么搞定？老板，您看那个怎么处理？'好像我是万能钥匙，什么都会似的！要是我一个人都能做，我何必花钱请人呢？真的有许多事其实我也不是很明白，就算是明白，能处理，我也没有那么多的时间一件一件去考虑啊！"

王总发现最近自己的公司存在很多问题：各部门工作纪律越来越差，费用支出越来越大，核心员工出现了流失，几个重要的项目也未能中标，客户投诉也越来越多……于是他召集全体管理人员开会。

会上王总大发脾气，历数企业内部种种问题，最后下令整改。但1个月过去了，他再次到各部门检查，发现并没有多少改观，这令他更加生气，于是他再次召开各部门会议,质问原因。

这时,市场部经理首先说:"总经理,这件事我还得向您请示请示。"接着,人力资源部经理说:"总经理,我们想了好多对策,可是收效并不大,您看下一步该怎么办?"工程部经理也附和着说:"总经理,这件事我们也想办,可是还得等您拍板定夺。"财务部经理一脸为难:"总经理,我们确实管过了,可是他们不听我们的,还得您出面拿主意。"

几个经理七嘴八舌,而王总只有满腔愤懑外加无可奈何。

其实,上司的身份和地位决定了他看问题也会有盲区、有局限,无法看到一些真实情况。任何上司,不管他多能干,都需要员工真诚的帮助。正如亚马逊CEO贝佐斯所说:"员工不只是为老板工作的人,他们还应该是为老板提供建议的人。"不仅要出力,而且要出谋。因为,每个员工都有自己的长处和优势,员工的智慧与热情是公司最大的财富,老板希望每个员工都是货真价实的智囊。

如果你是老板,一定会希望员工能和自己一样,将公司当成自己的事业,更加努力,更加勤奋。

有一条规则被不断验证:那些积极工作,主动提出解决方案的员工,通常更具创造力。他们与公司共命运,具有强烈的主人意识,认为公司的事就是自己分内的事,从不推诿,从不懈怠,而是不断主动思索解决方案。

这样的员工,其实就是不断把自己放在上司的位置上去审视处理工作,从而使自己的思路和视角得到扩展与提升,他们将会永远走在公司的最前列。

"钢铁大王"安德鲁·卡内基是美国工业化时代的传奇人物。在他18岁的时候,宾夕法尼亚州铁路公司西部分局局长斯考特聘他去当私人电报员兼秘书。

一天清晨,卡内基收到一封紧急电报,其内容是附近铁路上有一列火车车头出轨,要求调度各班列车改换轨道,以免发生撞车事故。除斯考特外,其他任何人都没有下达调度命令的权力,由于当天是假日,卡内基怎么也找不到这位上司。

时间一分一秒地过去，而一列载满乘客的列车正驶向出事地点。固然自己可以把问题推给上司，也不用自己承担什么责任，但他却认为自己不能坐视不管。于是，卡内基冒充上司下达了调度命令，一场伤亡惨剧避免了。

按规定，电报员擅自冒用上级名义发报将会被立即撤职。第二天，卡内基告诉斯考特这件事，斯考特却拍拍他的肩头说："记住，这个世界上有两种人永远原地踏步：一种是不肯听命行事的人，另一种则是只听命行事的人，幸好这两种人你都不是。"

几年后，卡内基被公司提名为运营总管。在宾夕法尼亚铁路公司的十余年里，卡内基学会并实践了铁路管理的组织、报告、会计和控制的整套体制，逐步掌握了现代化大企业的管理技巧，拥有了数十万美元的股票及其他财产，他就此开始创建自己的事业。

不把问题推给上司，体现的是一种积极主动的担当精神。这样的员工明白他的价值就是为上司"解题"，而不是给上司"出题"。他们会时刻问自己："我还能做什么？"而不会问自己："我还能推什么？"正是这两种不同的出发点，导致了不同的职场生涯——辉煌或黯淡，收获或失落。

日本航空公司为了占有市场，曾经在一次全球油价上涨时决定机票不涨价。在这种情况下为了还能实现经营目标，总部开始号召全世界各地的分公司缩减成本。

公司所有的员工都积极为企业出谋划策，总共提出各种方案达400多种。例如，有一项建议是在公司抽水马桶中压一块砖头，这样就可以减少出水量，一年下来可以节省60吨水。还有一项建议是采用可调光线的灯，房间有人时灯光亮起来，没人的时候就暗下去……就这样，全体员工上下一心，终于帮助企业度过了难关。

然而，在很多人的心里总是认为："我为企业工作，企业发给我薪水，这是天经地义的事情。至于企业遇到难题，怎么解决，如何发展，与我没有任何关系。哪一天一旦企业走向衰落，我换个企业就可以了。"

持这种观念的人实在可悲，因为他们从来没有认识到企业与自己的命运有着千丝万缕的联系，他们不知道企业的发展不仅有利于老板，同时也决定着自己的含金量,同样有利于自己。

把问题推给上司是一种对自己不负责任的心态。如果每个人遇到问题都推给领导,那么时间长了很容易养成自己的惰性心理——"反正有领导呢!他会想办法的。"这样,自己的能力也得不到锻炼,水平也得不到提升。

事实上,提建议、做方案可以让上司了解自己。好建议体现了员工的综合素质,也是员工自我展示的途径。向上司建言献策,其实也是在推销自己。这是员工工作最主动、最有价值的表现。

在电视剧《乔家大院》里,有这样一段故事:有个伙计叫马荀,他对商机非常敏感。他回老家走到半路时,看到高粱地里有一簇高粱长虫了,他马上联想到今年的高粱收成可能不好,价格可能会上扬。于是便向顾大掌柜建议,现在可以低价买进达昌的高粱,囤一批货,秋收后抛售,复盛公就可以大赚一笔。但是,顾大掌柜并没有理会马荀提出的建议。

马荀并未就此作罢,他始终认为,自己虽然只是个伙计,但应该把这样重要的消息告诉他的老板。于是他找到了乔致庸,汇报了这一发现并指出这样做会使复盛公名利双收。乔致庸听完后,欣然采纳了他的建议。

当时,乔致庸并不知道马荀是谁,也不知道他在乔家干了多长时间,但从此,乔致庸开始另眼相看这个伙计。后来大胆起用,让马荀担任了大掌柜。他也没有辜负乔致庸的赏识,为乔致庸实现"货通天下"的理想立下了汗马功劳。

统治可口可乐王国长达60多年的伍德罗夫曾经说过:"一名真正的推销员一定要把属于自己的某些品质一起推销出去。"我们的建议如被采纳,就能为企业创造一个员工所能创造的最大价值,只要我们用心观察和思考,就能成为上司的左膀右臂,给自己带来更大的职业空间。

上司的信息优势是任何一个员工都无法比拟的。但是,在某个员工的具体工作范围内,他掌握的信息其实还不如员工。上司也不可能天天都在一线,而真实的信息却往往在现场。

沃尔玛创始人山姆·沃尔顿说:"那些在第一线和顾客直接对话的人其实对情况最了解。"每一个员工都有自己的工作范围,自己最了解这个范围，有条件积极思考有效的方案，而不是依赖于上司，这就是对工作的负责。

有一家面馆，每天一到中午用餐时间，要求午餐外送的电话就此起彼落，结果许多顾客抱怨电话打不通。于是，面馆老板采取了增加电话线路的对策。但由于电话订餐的人实在太多了，在短短的午餐时间内，根本无法如数做好顾客的餐点。

面馆的一位服务员发现，请求外送的餐饮中阳春面、乾面、乌龙面三个品种就占了85%，而且，这些订户绝大多数是附近工厂或住宅区的人。于是，他建议老板每天午餐的时候，就用餐车载着煮食的材料，到附近的工厂和住宅区上门服务。

当店里接到要求外送的电话时，如果该客户的住处、其所订购的种类和餐车所拥有的条件符合时，店里就将顾客的资料通知餐车，请餐车负责处理，做到随叫随到，这一招大获成功。

拿出你自己的智慧与魄力，踏踏实实地做好自己的工作，千万不要一天到晚等着上司来帮你解决问题。

当我们做一件工作、接受一项任务时，首先要多动脑子勤于思考，想明白才能干明白。员工之间的差距，不仅是在"做事"中拉开的，更是在"想事"上拉大的。

世界首富比尔·盖茨曾说过："人和人之间的区别，主要是脖子以上的区别。"在工作中，同样的任务交给不同的员工去做，效果往往大不一样。导致这种现象的原因固然很多，但很重要的一点，就是员工在工作中是否有清晰的思路。

一个员工在工作中是否善于思考，是否能先把要做的事情想明白——是影响员工工作效果的重要原因之一。

第四章

思路突破困境，在迷雾中看清目标

我们在工作与生活中常常会遇到下面这样的情况：

当你面对一个问题的时候，总是觉得这太难了，怎么也想不出解决的办法。

当你着急想去做一件事的时候，总是有许许多多的障碍摆在你的眼前，让你难以跨越。

当你想要做成一番大事业的时候，却发现手中的资源少得可怜，几乎没有对我们有利的条件，很难做大做强。

……

如果以上这些情况你都碰到过，那么毫无疑问，你已经遇到了发展的瓶颈，是急需突破的时候了。

这个时候我们该怎么办呢？我们该如何用有限的条件把事情办得最快、最好呢？

答案就是——思路突破困境。拥有了好的思路，就能够在迷雾中看清目标，在众多资源中发现自己的独特优势，即使是身陷困境，也能保持清醒的头脑，找到解决问题的方法。

◎ 成功离不开变通，变通是才智的试金石

一家建筑公司的经理忽然收到一份购买两只小白鼠的账单，心里好生奇怪。原来这两只老鼠是他的一个员工买的。他把那个员工叫来，问他为什么要买两只小白鼠。

员工回答道："上星期我们公司去修的那所房子，要安装新电线。我们要把电线穿过一根10米长，但直径只有2.5厘米的管道，而且管道砌在砖墙里并且弯了4个弯。我们当中谁也想不出怎么让电线穿过去，最后我想到一个方法。我到一个商店买来两只小白鼠，一公一母。然后我把一根线绑在公鼠身上并把它放到管子的一端，另一名工作人员则把那只母鼠放在管子的另一端，逗它吱吱叫。公鼠听到母鼠的叫声，便沿着管子跑去救它。公鼠沿着管子跑，身后的那根线也被拖着跑。我把电线拴在线上，小公鼠就拉着线和电线跑过了整条管道。"

这个员工的思维非同一般，他用智慧解决了问题。

有了正确的思路，才能发挥出卓越的智慧。美国著名地质学家华莱士在总结其一生成败经验的著作《找油的哲学》中这样写道："找油的地方就在人的大脑中。"他提出了一个著名的观点：人的大脑里蕴藏着丰富的宝藏，而思路是其中最珍贵的资源。

一天，有人卖一块铜，喊价竟然高达28万美元。一些记者很好奇，后来得知，原来卖铜的这个人是个艺术家。不过，不管怎样，对于一块只值9美元的破铜块，他的要价无疑是个天价。为此，他被请进了电视台，向人们讲述了他的道理。他认为，一块铜，价值9美元，如果做成门把手，价值就增加为21美元，如果制成纪念碑，价值就应该增加为28万美元。他的创意打动了华尔街的一位金融家，结果那块只值9美元的铜被制成了一尊优美的铜像，成为一位成功人士的纪念碑，最后的价值增加到30万美元。

9美元到30万美元之间的差距，可以归结为思考的结晶、创造力的体现，或者说这中间的差价，就是思维的价值、创造力的价值。由此，我们不难看出，思路对我们的工作和生活有多么重要。在现实生活中，善于思考问题和改变思路的人，总能在困境中找到解决问题的方法，在成功无望的时候创造出柳暗花明的奇迹。

当今社会，经济的发展格外受重视。多年来形成的市场经济规律告诉我们，只有思路常新才有出路，只有思路才能突破困境，找到正确的方向。成功的喜悦从来都是属于那些思路常新、不落俗套的人们。所以，要想在职场中大展宏图，就要在你的头脑中形成正确的思路，并决心为之付出努力。

美国食品零售大王吉诺·鲍洛奇一生给我们留下了无数宝贵的商战传奇。10岁那年，鲍洛奇的推销才干就显露出来了。那时他还是个矿工家庭的穷孩子，他发现来矿区参观的游客们喜欢带走些当地的一些东西作纪念，他就拣了许多五颜六色的铁矿石向游客兜售，游客们果然争相购买。不料其他的孩子立即群起效仿，鲍洛奇灵机一动，把精心挑选的矿石装进小玻璃瓶。阳光之下，矿石发出绚丽的光泽，游客们简直爱不释手，鲍洛奇也乘机将价格提高了1倍。也许正是这个有趣的经历，使得鲍洛奇对变通销售与定价有独到的理解。在一生的商业生涯中，他一直保持灵活变通的思想。

鲍洛奇的公司曾生产一种中国炒面，为了给人耳目一新的感觉，他在口味上大动脑筋，以浓烈的意大利调味品将炒面的味道调得非常刺激，形成一种独特的中西结合的口味，生产出了优质的中国炒面。同时，使用一流的包装和新颖的广告展开大规模的宣传攻势，打出"中国炒面是三餐之后最高雅的享受"的口号，把中国炒面暗示成家庭财富和社会地位的象征。鲍洛奇这一做法相当成功。他把注意力主要集中在大量中等收入的家庭上，他认为，中等收入的家庭，一般都讲究面子，他们买东西固然希望质优价廉，但只要有特色，哪怕价钱贵一些，他们也认为物有所值，他们是中国食品生意的主要购买对象。所以针对他们的心理，鲍洛奇在包装和宣传上花了很多精力。果然不出所料，中等家庭的主妇们皆以选购中国炒面为荣，尽管鲍洛奇的定价很高，但她们依然不觉得贵。

另一方面，鲍洛奇很会揣摩顾客的心理，常常利用较高的价格吸引顾客的注意力。由于新产品投放市场之初，消费者对这种相对高价格商品的品质充满了好奇，很容易就激发了他们的购买欲。并且，一种产品的定价较高，可以为其他产品的定价腾出灵活的空间，企业就能占据主动。当然，这一切都是建立在产品的品质的确不同凡响的基础上的。

有一次，鲍洛奇的公司生产的一种蔬菜罐头上市的时候，由于别的厂商同类产品的价格几乎全在每罐5角钱以下，所以公司的营销人员建议将价格定在4角7分到4角8分之间。但鲍洛奇却将价格定在5角9分，一下提高了20%！鲍洛奇向销售人员解释说，5角钱以下的类似商品已经很多了，顾客们已经感觉不到各种商品之间有什么区别，并在心理上潜意识地认为它们都是平庸的商品。如果价格定在4角9分，顾客自然会将之划入平庸之列，而且还会认为你的价格已尽可能地定高并已经占尽了便宜，甚至还会产生一种受欺骗的感觉。若你的产品价格定在5角以上，立即就会被顾客划入不同凡响的高级货一类，定价至5角9分，就会给人感觉与普通货的价格有明显差别，品质也有明显差别，还会让人感觉这是高级货中不能再低的价格了，从而使顾客觉得厂商很关照他们，顾客反而觉得自己占了便宜。经鲍洛奇这么一解释，大家恍然大悟，但总还有些将信将疑。后来在实际的销售中，鲍洛奇还掀起了一场大规模促销行动，口号就是"让一分利给顾客"，这一行动更加强化了顾客心中觉得占了便宜的感觉，蔬菜罐头的销售大获全胜。5角9分的高价非但没有吓跑顾客，反倒激起了顾客选购的欲望，公司的营销人员不得不佩服鲍洛奇善于变通的本事。

在走向成功的路上，总是会有各种各样的麻烦。但是我们不能因为那些麻烦而放弃了追求，更不能被胆怯阻碍了前进的脚步。成功与失败之间、幸福与不幸之间，往往只有一步之遥。只要你拥有好的思路，勇敢地面对生活，那么在征服困境之后，你就能享受胜利的甘甜。

莫里哀曾说："变通是才智的试金石。"世间万物都在变，没有变化，就会落后，就无法生存。事变我变，人变我变，适者方可生存。成功离不开变通。

◎ 不做害怕变化的"恐龙族"，打破固有的行为与思考模式

在数亿万年前，恐龙曾经是我们这个地球上最强大、最活跃的物种之一，但不知道什么原因灭绝了，至今没有一个科学家能拿出确切的证据来举证。但后来有人曾提出一个观点，就是当环境发生剧烈变化的时候，长期安于现状的恐龙缺乏"应变"和"学习"能力，无法改变自己以适应环境的变化，所以恐龙才会灭绝。

职场如战场，淘汰本无情，如果一个人在中途倒下，则显示其生存的能力不够强。遗憾的是，在各个工作场所中，仍然有不少生存能力不够强的"恐龙式"人物存在。

在工作中，"恐龙族"最大的障碍就是无法适应环境。在他们周围有许多学习新技术、许多深造的机会，但是他们往往视而不见，根本无心寻求新的突破。

工作与生活永远是变化无穷的，我们每天都可能面临改变。新产品和新服务不断上市，新技术不断被引进，新的任务被交付……这些改变，也许微小，也许剧烈，但每一次改变，都需要我们调整自我重新适应。

面对改变，意味着对某些旧习惯和老状态的挑战，如果你固守着过去的行为与思考模式，并且相信"我就是这个样子"，那么，尝试新事物就会威胁到你的安全感。

"恐龙族"不喜欢改变，他们安于现状，没有野心，没有创新精神，没有工作热忱，满足于目前的状态，不设法改进自己，不想去做更好的工作。"恐

龙族"不肯承认改变的事实。他们不愿为自己创造机会,而情愿受所谓运气、命运的摆布。

不懂得适应变化,让"恐龙族"在职场中处处受阻,路子也越走越窄,最终导致能力下降,步入灰暗的人生境地。既然前程已经看不到了光亮,那么"恐龙族"就会选择随遇而安。

客观地说,随遇而安,过一种普普通通的生活也是一种人生,因为我们大多数人都是这样度过的。但是,如果总是随遇而安,把所谓的生活安全感放在人生的第一位,久而久之,我们就会产生一种惰性,就算机会来到面前也把握不住。

天地间没有不变的事情,万事万物随时而变,随地而变,随社会的发展而变,随人的生理、情感、观念而变。既然改变已成一种定律,我们又何苦死守不变? 不如顺应这种改变的大潮,完善自己。

20世纪70年代,多元化成了全世界最流行的词语:世界多元化、国家多元化、关系多元化……各个企业为了迎接这股时髦的浪潮,也提出了很多多元化的经营战略。

被我们所熟知的迪斯尼公司,并不是以迪斯尼乐园起家,公司的赢利来源也不仅仅是主题乐园,而是以影视娱乐业为源头,媒体网络、主题公园和消费产品三大产业为延伸的多元产业层级赢利体系。

开始,迪斯尼制作动画、影视片,如《白雪公主和七个小矮人》、《人猿泰山》等,通过发行出售,赚取第一轮利润,再通过媒体网络,如美国全国广播公司ABC以及有线电视网ESPN等,赚取第二轮利润。在这两轮利润赚取的过程中,又为第三轮、第四轮利润做了铺垫。他们通过把电影和动画片里看到的故事变成可玩、可游、可感的游乐园(迪斯尼乐园)来赚取第三轮利润,通过玩具、文具等消费品的出售,赚取第四轮利润。此外,迪斯尼还为米老鼠、唐老鸭、皮特狗等卡通形象申请专利,在法律保护下进行特许经营开发,获取利润。

由此可以看出,在共同品牌的引领下,产业的多元化增加了赢利点,极大地发挥了品牌与产业互动的乘数效应,使迪斯尼最终走向了成功。

20世纪80年代，我国的企业也开始朝着多元化的方向迈进。它们积极打破原有的保守思维，通过跨国集团的方式融汇资金，通过与别国的集团公司签订合作协议来填补自己在技术上的缺陷，积极改变单一的经营方式，并且处处寻找最大的利益点，在多方面完善自己，增强自己在国际经济舞台上的影响力。

其实，所有的成功都是多元化的。我们常说，一个能够高瞻远瞩的团队，一定具有很强的实战经验，其实这就是一种多元化的体现。因为在丰富自己的同时，这个团队很可能因此涉猎更多的领域，或者在同一领域里做了不同的事情，加强了各个方面的知识和能力的储备。虽然不是每一个领域都精通，但是因为有所了解，就可以在需要的时候灵活运用。

著名主持人杨澜离开央视去美国哥伦比亚大学留学时，班上有很多同学就来自国际家庭，譬如爷爷是西班牙人，奶奶是匈牙利人，爸爸从阿根廷来，妈妈在纽约上班，他们这种独特的家庭背景让杨澜意识到自己的文化传统所带来的先天盲点："我发现世界上原本有各种各样的人、各种各样的思维方法，同样的事物有来自于不同角度的各式各样的看法。从此，我不再那么自以为是，不再以为自己以前一贯接受的观点肯定是正确的了。"

开放自己的思想，接受别人的思想，很多种思想的碰撞，就是多元化的重要表现形式。

企业在发展中，不能一直打保守战，不能一直以为只有自己的发展方向是对的、自己的管理模式是最好的，丝毫不去参考别人的经营模式。这是一个信息爆炸的时代，地球已经变成了村落，如果固守旧思想，坚持走单一的发展路线，那么我们将很快被激烈的竞争所淘汰。

个人同样需要开放思想，多向别人学习。但是在日常生活中，人们会利用各种规则来制约我们的思维发散。我们发现，很多大学生和研究生等受过高等教育的人，仿佛是一个模子里刻出来的，都是单一化的思路。

当前社会，一元化的人才太多了。我们都知道，不是社会不需要人才，而是社会不需要太多单一化的人才。所以，为了我们的前途与发展，请开放你的大脑，让多元化的阳光照进你的心灵，这样你才能真正实现自身的价值，获得成功。

◎ 转个方向，身边会有更好的路等着你

一位心理学家说过："只会使用锤子的人，总是把一切问题都看成是钉子。"正如卓别林主演的《摩登时代》里的主人公一样，由于他的工作是一天到晚拧螺丝帽，所以一切和螺丝帽相像的东西，他都会不由自主地用扳手去拧。在工作中，遇到问题时，一定要努力思考，看看在常规之外，是否还存在别的方法？是否还有别的解决问题的途径？只有懂得变通，才不会被困难的大山压倒，才能发现更多更好更便捷的路子。

《像希拉里那样工作，像赖斯那样成功》一书中写道："美国人并不害怕'能力出众的律师希拉里'。美国最好的法律学校每年能培养出大量有能力的女律师。人们不能容忍的是希拉里的政治野心、对权力的露骨欲望，以及享受过程的态度。人们恐惧的不是希拉里的能力，而是她的野心。"正是因为人们对于这位传奇女性褒贬不一的态度，才给本来就格外引人关注的2008年美国大选又增添了许多趣味性。

人们认为，希拉里对于权力的欲望已经到达了极点，她是不达目的不罢休的人。但是谁也没有想到，在大选竞争进行得如火如荼的时候，她选择了放弃对于总统位置的竞争，而转向竞选副总统的位置。无疑，希拉里是聪明的。她深知总统竞选的残酷，也深深地了解对手奥巴马的强大，所以，在没有任何胜算的前提下，与其与对手硬碰硬，不如转身为自己另谋更好的出路。

希拉里是成功的，虽然与总统的宝座无缘，但是当奥巴马宣布任命其为新政府的国务卿的时候，希拉里的脸上是带着微笑的。她用自己的亲身

实践向世人证明了这样一个道理：处于不利位置的时候，如果没有办法突破，那么不妨转个方向，给自己找条全新的出路。

与其在不可能的事情面前耗费时间，不如转过身来

其实，生活中我们常常会碰到这样的事情，你执着于一件事情，但是你的胜算并不大。那么，与其在不可能的事情面前耗费时间，不如转过身来，因为你的身边可能会有更好的路在等着你。

多年前，美国的可口可乐和百事可乐曾经先后走向台湾市场。因可口可乐抢滩登陆宝岛，率先出尽风头。后进者百事可乐面对已经具有市场基础的竞争对手，虽然行销战略施行倍觉艰辛，但还是勇者无畏。一方为争夺市场，一方为保卫市场，顷刻间掀起了一场极为精彩的商战。

百事可乐的行销策略以及推销活动，虽然较富于机动性，却始终无法超越可口可乐全球的优势，因此一直屈居下风，被动的劣势似乎难以扭转。然而，可口可乐在"唯有可口可乐，方是真正的可乐"的口号下，一举乘胜追击，大有逼迫百事可乐偃旗息鼓收兵的气势，使得百事可乐一时间士气低落，销售陷入低谷。

百事可乐高层分析市场，了解到正面攻击不可能在短期内有效，于是便悄悄地准备开辟另一个饮料市场来抢占可口可乐市场。在极端机密周详的策划下，第二年初春，百事可乐以迅雷不及掩耳之势推出了美年达汽水，顿时受到消费者的喜爱。由于百事可乐能从较低层次的广大消费者入手，市场价位又极具吸引力，加上美年达饮料整体行销策略完善，尽管只是百事可乐公司的副品牌，但一时占领了大量的饮料市场。反观可口可乐，因为陶醉于可乐大战后的胜利，忽略了新产品的开发。等到美年达饮料一夜间全面上市，可口可乐却不知所措了，导致了短期内市场败北。

有人曾说过："如果一个美国人想欧洲化，他必须去买一辆奔驰，但

如果一个人想美国化，那他只需抽万宝路，穿牛仔服就可以了。"可见，万宝路已不仅仅是一种产品，它已成为美国文化的一部分。但是，万宝路的发迹史并非是一帆风顺的，它的成功跟公司员工善于变通是分不开的。

美国的20世纪20年代被称作"迷惘的时代"。经过第一次世界大战的冲击，许多青年自认为受到了战争的创伤，只有拼命享乐才能冲淡创伤。于是，他们或是在爵士乐中尖声大叫，或是沉浸在香烟的烟雾缭绕之中。无论男女，都会悠闲地衔着一支香烟。女性是爱美的天使，她们抱怨白色的烟嘴常常沾染了她们的唇膏，她们希望能有一种适合女性吸的香烟。于是，万宝路问世了。

"万宝路（MARLBORO）"其实是"Man Always Remember Lovely Because Of Romantic Only"的缩写，意为"只是因为浪漫，男人总忘不了爱"。其广告口号是"像五月的天气一样温和"，意在争当女性烟民的"红颜知己"。然而，万宝路从1924年问世，一直到50年代，始终默默无闻。它颇具温柔气质的广告形象没有给淑女们留下多么深刻的印象。回应莫里斯热切期待的，只是现实中尴尬的冷场。

经过沉痛的反思之后，莫里斯公司意识到变通的重要性，将万宝路香烟重新定位，改变为男子汉香烟，大胆改变万宝路形象，采用当时首创的平开盒盖技术，以象征力量的红色作为外盒的主要色彩。在广告中着力强调万宝路的男子汉形象——目光深沉，皮肤粗糙，浑身散发着粗犷和原野气息，有着豪迈气概。他的袖管高高卷起，露出多毛的手臂，手指间总是夹着一支冉冉冒烟的万宝路香烟，跨着一匹雄壮的高头大马驰骋在辽阔的美国西部大草原。

这个广告于1954年问世后，立刻给公司带来了巨大的财富。仅1954年至1955年间，万宝路销售量提高了3倍，一跃成为全美第十大香烟品牌。1968年，其市场占有率升至全美同行的第二位。从1955至1983年，莫里斯公司的年平均销售额增长率为247%，这个速度在战后的美国轻工业中首屈一指。万宝路成为世界500强的重要原因在于其员工和领导善于变通。思路决定出路,稍加变通,便有了更多的路子。

其实,成功并不是只有向前冲,有时向后走一样能够实现目标。但是,不少企业或者员工不能真正放下眼前的目标而转向身后,即使往前冲会撞个头破血流。生活不是玉,也不是瓦,所以不需要我们"宁为玉碎,不为瓦全"。退出不是消极的面对,也不是向生活认输,而是找到另一个突破口,征服生活。所以,在身处困境的时候,不要抱着视死如归的念头,而是冷静下来,看看后方是不是有更好的出路。

此路风景独好,彼路风景更胜

古罗马有一句俗语是"条条大路通罗马"。关于这句话,有这样一个小典故。罗马城作为当时地跨亚非欧的罗马帝国的经济、政治和文化中心,频繁的对外贸易和文化交流使得大量外国商人和朝圣者络绎不绝。罗马统治者为了加强对罗马城的管理,修建了一条条大道。它们以罗马为中心,通向四面八方。据说人们无论是从意大利半岛的某一个地方还是欧洲的任何一条大道开始旅行,只要不停地往前走,都能成功抵达罗马城。而现在"条条大路通罗马"是形容达到一个目的的方法多种多样,我们在实现目标的过程中会有多种选择。

无论是在追求梦想的道路上,还是在日夜奔波的生活中,我们常常会遇到"此路不通"的尴尬境地,但是变化已经存在,我们就只能去适应变化,调整自己。

一位母亲列了一份清单让自己的孩子出门去买各种杂粮,并在孩子临走时给了他几个装米的袋子。

孩子来到粮店,依照购买清单购买杂粮,这才发现少了一个袋子。清单上详细地写了大米、小米、高粱和玉米4种粮食,而母亲就给了3个袋子。孩子没有多余的钱买布袋,也就没办法买全所有的粮食,于是就只装满了3个袋子回家了。

归来后,孩子一进门就抱怨母亲不仔细检查布袋,以至于让自己还要再跑一趟，买剩下的玉米。母亲笑了笑："你不会找老板要一根绳，然后把装的少的布袋从中间扎牢，那么上面一层不就可以装玉米了？实在没想到的话，你还可以再买一个布袋装玉米啊？"孩子反驳说没有多余的钱买布袋。母亲又笑了笑："傻儿子，你不会少要一斤米啊？这样不就能买布袋了吗？"

孩子一听傻了眼，又羞又恼地去买玉米了。

在问题面前，我们要想办法解决。一种办法解决不了，我们还可以想其他办法，最重要的是在遇到问题时不能循规蹈矩，墨守成规，一头钻进死胡同，要学会转换思路，改变角度，那样你会发现解决问题其实一点也不难。

我们必须意识到变化随时随地都有可能发生。我们不但要适应变化，适时调整，还要学会预见变化，做好迎接挑战的准备。

"此路不通彼路通，此路风景独好，彼路风景更胜。"事实上，我们之所以会执著于此路而停滞不前，是因为我们的固有思维认为那是最顺畅、最好的一条路。惯性思维方式让我们错过了许多宽敞顺畅的大路，也错过了许多别样的美丽风景。

"观光电梯"的发明其实很偶然，它创意的灵感是在一次增设电梯的工程中闪现的。

因为人流量的加大，原本的电梯已不能满足人们的使用需求，美国摩天大厦出现了严重的拥堵问题。为了尽快解决这一问题，工程师建议大厦尽快停业整修，直到将新的电梯修好为止。这个建议很快得到了上层领导的认可并被付诸行动。当电梯工程师和大厦建筑师们做好了一切准备工作，开始要穿凿楼层时，一位大厦里的清洁工在询问情况时激发了工程师们的创意。

"你们得把各层的地板都凿开吗？"清洁工问道。工程师向她解释，如果不凿开，那就没法装入新的电梯。

"那大厦岂不是要停业很久？"清洁工又问道。工程师无奈地点头，"每天的拥堵情况你也看到了，我们没有别的办法，也不能再耽误了，否则情况更糟。"

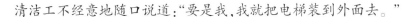

清洁工不经意地随口说道："要是我，我就把电梯装到外面去。"

这个看似不经意的建议，其实蕴含了无限大的智慧。也许身为清洁工的当事人并没有察觉到她的一句玩笑话会给工程师们带来创意的灵感。于是世界上第一座"观光电梯"就这样孕育而生了。

专业工程师为了解决大厦拥堵的状况，决定在大厦内再安装一架电梯，这一方案可谓吃力不讨好，而另一个方案不仅解决了问题，缩短了大厦停业的时间，而且还创造出了有观景作用的电梯。

为什么工程师们的专业眼光就产生不了这一奇妙的创意呢？根本原因就在于这些工程师早已被束缚在一成不变的建筑知识体系当中，形成了一套固有的思维方式。那么每个人都应避免这种思维方式对处理问题的束缚，只有这样才能发现更好的解决方法。

获得成功的途径是多种多样的，并不是说鲁迅只有弃医从文才会获得成功，以他的伟大人格和深厚知识来说，即使他继续学医，往后未必不是另一个白求恩。像天才达芬奇，他的建树不仅在于艺术绘画方面，在天文、物理、医学、建筑、水利和地质等方面也都有一些重要的成就，成为后世学科研究的重要参照。

每一条路都能通往成功，唯一不同的只是这些路的艰险情况。正如"条条大路通罗马"一样，在不同的行业里，用不同的奋斗方式，都能使我们获得成功。"此路不通"的情况只存在于路标牌中，因为生活、工作中通过绕行，我们最终能殊途同归。

1950年的美国西部是一片充满传奇和财富的土地。随着大量黄金被发现，人们怀着淘金的梦想，纷纷踏上了西部荒无人烟的土地。

身为犹太人的李维·施特劳斯从小就相当聪明，同所有犹太人一样，他不安分，爱冒险，而且他继承了犹太人善于经商的本事，他在20多岁时便放弃了稳定工作，加入到淘金的洪流中。

长途跋涉来到西部后，他发现淘金的美梦并不现实。荒凉的西部早已涌满了淘金的人群，到处都是他们的帐篷。

想发财的人遍地都是，他到底能不能分到一杯羹呢？他心里没底，他不想就这样放弃，也不想这样漫无边际地等待，心中渴望尽快成功的他开始思考自己的成功之路。

一次偶然的机会，他发现自己所在的淘金地点离市中心很远，每一次淘金者买东西都十分不方便。他决定放弃淘金这种遥不可及的发财梦，转而开了一家日用品商店，试图以另一种方式获得成功。

事实证明他是对的。他的小商店生意越来越好，淘金者们"金闪闪的收获"源源不断地流向了李维的小商店。但是他的小商店里有一样东西的销路始终不好，那就是帆布。按理来说，淘金的人都住在帐篷里，最需要的就是帆布，但是淘金者大多都自己带帐篷了，因而帆布的生意就非常冷淡。

一天李维向一名淘金者推销帆布，工人摇摇头说"我不需要帐篷，我需要向帐篷一样坚硬耐磨的裤子。"李维很好奇，追问原因，工人告诉他，淘金的工作很艰苦，衣服经常要与石头、砂土摩擦，一般的裤子都不耐磨，几天就破了。这些话提醒了李维，他想这些帆布如果做成裤子，肯定很受大家的欢迎。于是他仿效美国西部一位牧工的设计制作工装裤。1853年，第一条日后被称为"牛仔裤"的帆布工装裤诞生了。他向矿工推销，不出所料，这种款式和布料的裤子很受工人喜欢，大量的订单随之而来，李维的事业也由此起步。

在这场全民淘金的竞争中，每个人都想发财，一些人通过淘金获得了成功，而另一些人看到了别的发财机会，同样也获得了成功。因而不是没有成功的路，关键在于要有洞悉商机的头脑。

其实"此路不通彼路通"是在告诉我们要勇敢面对"不通"的窘境，然后运用发散思维寻找另一条成功的捷径。

每个人的思维方式都不相同，也不是每个人在面对"不通"的窘境时都能处之泰然，游刃有余。但如果我们掌握了一些方式方法，便能轻松地解决这些问题。

首先，我们要避免此路不通的情况发生。要承认这些变化，事前应进行详细的思考与分析，找出前进道路中可能会出现的所有问题，并做好准备。发生变化后，不能慌张，也不要一味地守株待兔。办法是死的，但人是活的，我们要适应变化，适时调整方案，坚持不懈，朝着成功勇敢迈步。

其次，要开拓思维能力，提高处事应变的能力。变相思维、逆向思维、多向思维等，我们应锻炼自己的思维头脑，从中找到最适合的处理办法。思维就像一台机器，使用多了就会熟能生巧，经常从不同角度全方位地思考问题，处理问题的方法自然就会很多，也就能从中找到最好的一条捷径。

我们可以在一些充满智慧的书籍里寻找和积累处理问题的方法，多提问多参考，需要的时候通过联想就会有灵感出现。熟能生巧，遇到类似的难题时就不易担惊受怕。此外，还要积极参与辩论，思想在辩论中产生，思维在辩论中发展。在辩论中锻炼并提高自己的思维能力和反应能力。

◎ 选择不同的环境，同样的东西很可能出现不同的结果

"是金子到哪儿都能发光"，这是人们普遍认同的观点。但是，事实并非如此，如果把金子放在煤堆里，它就会失去原来的光泽，而变得与普通煤渣的颜色没有什么两样。

有时候，我们虽然强调内在本质的重要性，却常常忽略了外在环境对于一个人的影响。为什么孟母会选择三迁，就是因为她意识到外在环境对于孩子成长的影响。

网上一直在流传一个"毒莓也能变成甜果"的故事：在普鲁士南部的尼尔士山区有一种野莓，个头很大，是普通草莓的3~4倍，但毒性也很大。当地的土著并没有因为它们含有毒素就舍弃它们，更没有疏远它们、铲除它们，而是在种甜莓的田地里套栽少量的大个毒莓。这些毒莓会因为授粉以及汲取甜莓根部的甜液，最终变成了失去固有毒素的大大的甜果。

选择不同的环境，同样的东西很可能会出现不同的结果。

全自动洗碗机是一种先进的厨房家用电器，是发明家适应生活现代化的创新杰作。然而，当美国通用电器公司率先将全自动洗碗机摆在电器商场的货架上时，却出人意料地遭到冷遇。

无论使用任何手段的广告宣传，人们对洗碗机还是敬而远之。从商业渠道传来的信息也极为不妙，新研发的洗碗机眼看就要夭折在它的投放期内。

经过市场调查发现，原来是消费者的传统观念在起作用。人们普遍认为，连10来岁的孩子都能洗碗，自动洗碗机在家中几乎没有什么用，即使用它也不见得比手工洗得好，机器洗碗先要做许多准备工作，增添了不少麻烦，还不如手工洗来得快，而且自动洗碗机这种华而不实的玩意儿将损害"能干的家庭主妇"的形象。一部分人则不相信自动洗碗机真的能把所有的碗洗干净，认为机器太复杂，维护修理肯定困难。还有一些人虽然欣赏洗碗机，但认为它的价格让人不能接受。

无奈之下，公司只好请教市场营销设计专家，看他们有何金点子。专家们经过一番分析推敲，终于悟出一个新办法，他们建议将销售对象转向住宅建筑商。

起初，人们对该建议普遍持怀疑态度，建筑商并不是洗碗机的最终消费者，他们乐意购买吗？在通用电器公司的公关人员的说服下，建筑商同意做一次市场实验。他们在同一地区，对居住环境、建造标准相同的一些住宅，一部分安装有自动洗碗机，一部分不装。结果，安装有洗碗机的房子很快卖出或租出去了，其出售速度比不装洗碗机的房子平均要快2个月，这一结果令住宅建筑商受到鼓舞。当所有的新建住房都希望安装自动洗碗机时，通用电器公司生产的自动洗碗机的销售便十分畅通了。

这个实验就证明了在一定的环境之下，会产生不一样的结果这一道理。

约翰·费尔德看见儿子马歇尔在戴维斯的小店忙里忙外，就问："近来这小子生意学得怎样？"

戴维斯答道："约翰，作为多年的老朋友，我不想让你以后后悔，我是个爽快人，喜欢讲老实话，马歇尔肯定是个稳健的好孩子，这不用说，一看就知道。但是，即使他在我的店里学上1000年，也不会成为一个出色的商人，他生来就不是这块料。约翰，你还是领他回乡下养牛吧！"

如果马歇尔仍留在戴维斯的店里，那么他日后恐怕真的难有作为。可是他随后到了芝加哥，亲眼看见周围许多穷孩子做出惊人的事业，这让他激情满怀，心中燃起成为大商人的梦想。他问自己："别人能做出惊人的事业，为什么我不能？"其实，他具有大商人的天赋，但戴维斯店铺里的环境不足以激发他潜伏着的才能。

一般来说，人的才能源于天赋，而天赋是很难改变的。实际上，大多数人的志气和才能都深藏潜伏着，必须要靠外界的刺激予以激发。志气一旦被激发，如果又能加以持续的关注和教育，就能发挥力量，否则终将萎缩而消失。因此，如果天赋与才能不能被激发，那么，人将变得迟钝并失去本应有的力量。

爱默生说，"我最需要的，就是让我去做我力所能及的事情"。去做力所能及的事情，是表现才能的最好途径。拿破仑、林肯做不了的事，但有可能对我来说却"力所能及"。

每个人都被赋予了巨大的才能，但这些才能沉睡着，一旦被激发，我们便能做出惊人的事业。

美国西部有一位法官，他中年时还是不识文墨的铁匠，60岁时却成为全城最大图书馆的负责人，获得许多读者的尊敬，被认为是学识渊博、为民谋福利的人。这位法官唯一的希望，是要帮助同胞们接受教育，获得知识。可是他自己并没有接受过系统的教育，为何会心怀这样的宏大抱负呢？原来他不过是偶然听了一次关于"教育之价值"的演讲。结果，这次演讲唤醒了他潜伏着的才能，激发了他远大的志向，使他做出了这番造福一方的事业。

现实生活中，许多人直到老年才表现出他们的才能。这是为什么呢？有的是由于读到了富有感染力的书籍而受到激发；有的是由于听到了富有说服力的讲演而受感动；有的是由于朋友真挚的鼓励。而对于激发一个人的潜能，作用最大的往往就是朋友的信任、鼓励和赞扬。

在印第安人的学校里，曾刊登过不少印第安青年的照片，他们毕业时的神情与刚从家乡出来时大为不同。在毕业照片上，他们个个服装整齐，脸上流露出智慧，双目炯炯，才华横溢。看了这样的照片，你一定会预见他们将来能做出伟大的事业。但大部分人回到部落后，奋斗不多时就回到了老样子，只有少数人依靠坚强的意志走出樊篱，成就了自己的人生。

倘若和一些失败者面谈，你就会发现他们失败的原因，他们从未置身于振奋人心的环境中，他们的潜能从来不曾被激发，因而他们没有力量从不良的环境中奋起。

人的一生中，无论何种情形下，你都要不惜一切代价，走入一种可能激发你的潜能，让你走上自我发奋之路的环境里。努力接近那些了解你、信任你、鼓励你的人，他们对于你日后的成功，具有莫大的影响。你更要与那些努力要在世界上有所表现的人接近，他们志趣高雅、抱负远大，接近他们，你在不知不觉中便会深受他们的感染，养成奋发有为的精神。如果你遇到挫折，那些奋斗者的鼓励，也会让你重新燃起热情。

职场中，我们也会遇到同样的问题。一个受到领导表扬的员工，工作的积极性就会远远大于那些长期受到批评的员工的积极性，工作的效率也会高于那些受到批评的员工的工作效率。

在单位，我们很少会说与工作无关的话题，在家里、与朋友相聚，我们说的通常都是吃喝、穿戴等消遣的话题，这就是环境对于我们的影响。家是一个放松的场所，所以很多工作明明在家里也能处理，但是还是要到公司来才有效率。可能有一些人会觉得，环境对于我来说并没有什么影响，我在家里一样可以工作。环境在一个人的成长过程中不起主导作用，你可以看一看那些卧底，都是依靠自控力来完成任务的，那么我们就可以理解上面所说的情况了。但是，这个世界能有多少不受环境影响的人？

我们每个人都对成功有着强烈的渴望，也一直在为成功而努力。但是，我们在管理自己的同时，也要注意，目前所处的环境是不是适合自己的发展，如果不适合，就应该当机立断，换一个工作环境。一份不适合你的工作、一个对你发展有所束缚的工作环境，只会埋没你的才华，而不能帮助你实现更多的人生价值。

如果是金子，就应该把自己放在珠宝行里，而不是放在煤堆里，任由环境遮盖了你的光芒。

◎ 整合资源、协调各方
——小舞台可以唱大戏，冷板凳也能坐成热炕头

小舞台可以唱大戏，冷板凳也能坐成热炕头，关键是能否利用好这个舞台。若想好好利用这个舞台，我们应该协调各方、整合资源、理顺关系，充分调动各个方面的积极性。

事业的平台会带给我们更多的机遇和资源，这也是由平台自身的特点决定的。通常情况下，平台的构成需要三个部分：信息交流、人脉整合和职业技能。

搭建事业的平台，就是将这三个部分有机结合起来，让自己能够运用已经拥有的信息，整合成为统一的体系，提升自己的能力，利于自己以后的发展。在这里，我们着重要强调人脉问题。很多人认为在一个平台中，只要我找准了位置，抓住了发展的方向，别人是没有办法干涉我的道路的。但是事实并非如此，你虽然站在了自己的平台上，但是你每向前一步，都需要别人的帮助。经营人脉，就如同一部电影的主角需要跟导演、灯光、摄影等人配合一样，只有大家共同努力，才能呈现给观众一部好看的电影。

薛先生是某国企新聘的销售总监。原来每年的营销大会都要在五星级大酒店举行，要花费十几万。薛先生刚去的那一年，他们换了新老板，只拨了50000块钱的营销会费。他还提出标准不能降低，而且要有新意，要让大家满意。很多人都对他说："薛总，我们这个新来的老板这么做，分明是给你出难题！"很多人第一反应都是这样。资源不够，这是明摆着的，

但真的没法做吗？但最后薛先生却搞了一个与会者一辈子都忘不了的营销会。

他租了一个技校的礼堂。"重温红军长征，发扬艰苦朴素精神，再展营销新雄风"是营销会的主题，与往年奢华花哨的宣传风格形成了鲜明的对比。因为是发扬艰苦朴素精神，到酒店做就没有这种氛围，技校礼堂反而更合适。他又去戏院租了一些便宜的士兵服装，一人租根长矛。

在大会开始之前，先看了一部片子《长征》。看完片子后，每个人都要过刀阵：几十个人，你一来，对着你，刷，拉开；你一进去，刷，又关上。参加营销会的人大多只是在电视里看过，现在亲身体验一番，都觉得新鲜。会场里贴的全是经典怀旧的毛主席语录。为了让经理们感到惊喜，薛先生特意为每个分公司经理做了一套将服，还为他们配几个士兵，士兵扛着写有经理姓氏的旗子，这些经理真的都很惊喜。薛先生还从茶楼租了把太师椅，让老板穿着黄袍坐在上面。

当经理入场的时候，全场轰动！会场放着气势磅礴的古琴曲《将军令》。大会开完，大家都端着土罐，士兵开始倒酒，一个人倒一碗，众人一饮而尽。老板拔出宝剑，大吼一声"出征"。此次营销活动最后一共才花了27000块钱。

虽然资源有限，但如果挖掘有限资源的优势，运用得当，腐朽也能化为神奇。

一家松下公司旗下的外企，要招一名会计，又因为这是一家跨国公司，所以这是许多年轻人向往的地方，终于到了面试的那一天，公司里人山人海，经过严格的笔试之后，又经过细心的筛选，最后只剩下了三位非常优秀的女大学生，经理让她们明天再来进行口试。

到了第二天，三位女大学生都穿着漂亮的衣服来了，而经理却给她们一人发了一件衣服和一个黑皮包，对她们说："现在我所给你们每一个人的衣服上都有一块污迹，你们必须在8:15之前到总经理室去进行口试，并且我提醒你们一句，总经理喜欢干净整洁、落落大方的人，你们身上的污迹最好不要被总经理发现否则会被淘汰的。"

这时，A女大学生赶紧拿出手帕纸来擦，而其结果是污迹越擦越脏，越擦越大。这时，A女大学生非常地着急，苦苦央求经理，想让他再换一件。可是，经理带着遗憾的口气说"不好意思，你已经被淘汰了。"A女大学生哭着离开了。B女大学生看局势不利，所以飞奔地跑到洗手间，想设法用水将污迹冲洗干净，她洗了一遍又一遍，果然，污迹没了，但胸前却湿了一大片。

这时，B女大学生一看表，已经快到8:15了，她整理了一下，飞奔向总经理室，到了总经理室门前，一看表，正好8:15，B女大学生缓缓打开门，只见C女大学生正要从屋里出来，B看见C女大学生胸前还有那块污迹，她这才放了心。她胸有成竹的走了进去，总经理看到他眼前的那块"湿地"，对她说："现在我公布胜出者，就是C女大学生。"B女大学生非常地惊奇，很不服气，总经理看出了她的心思，微笑着说："C女大学生用她的黑皮包挂在胸前，挡住了那块污迹，我想，假如我没猜错的话，你的黑皮包应该落在洗手间里了吧！"B女大学生心服口服地离开了总经理室。

这样才算是真正地整合资源。在善于整合资源的高手眼中，永远没有不利的资源，只有能否发挥出最大价值的资源。我们就是要具备这种化腐朽为神奇的整合资源的能力：好的资源我能让它产生最大价值，差的资源我也能让它变成好的，没有的资源我可以用其他资源代替，充分发掘有限的资源，实现资源价值的最大化。

很多时候，检验一个人的能力就是看他能否整合当前资源，实现价值最大化。做一个资源整合者，可以做到事半功倍。

◎ 摸着石头过河，拥有举一反三的能力

遇到困难，人们总喜欢以顺势的思维去思考，希望在相同的领域里摸索到能够解决问题的方法，但有时却根本满足不了我们的需求，我们完全

可以试着从其他的领域找方法。

人与人之间、事物与事物之间都存在着很多相似点，虽然表现的方式是不同的，但是只要你有一双善于发现的眼睛，你就可以找到他们之间的共同点，从而刺激大脑，找到解决问题的思路。

300多年前，一位奥地利医生给一个胸腔有疾病的人看病，由于当时技术落后，医生无法发现病因，患者不治而亡。后来经尸体解剖，才知道死者的胸腔已经发炎化脓，而且胸腔内积水。这位医生非常自责，决心要研究判断胸腔积水的方法，但始终不得其解。恰好，这位医生的父亲是个酒商，他不但能识别酒的好坏，而且不用开桶，只要用手指敲敲酒桶，就能估量出桶里面有多少酒。医生由此联想到，人的胸腔不是和酒桶有相似之处吗？父亲既然能通过敲酒桶发出的声音判断桶里有多少酒，那么，如果人的胸腔内积了水，敲起来的声音也一定和正常人不一样。此后，这个医生再给患者检查胸部时，就用手敲敲听听。他通过对许多患者和正常人的胸部进行敲击作比较，终于能从几个部位的敲击声中，诊断出胸腔是否有积水，这种诊断方法现代医学称为"叩诊法"。

后来，这种"叩诊法"得到进一步发展。1861年，法国男医生雷克给一位心脏病妇女看病时，非常为难。正在此时，他忽然想起了一种儿童游戏。孩子们在一棵圆木的一头用针乱划，用耳朵贴近圆木另一头能听到刮削声。由此，他有了主意。他请人拿来一张纸，把纸紧紧卷成一个圆筒，一端放在那妇人的心脏部位，另一端贴在自己的耳朵上，果然听到患者心脏的跳动声，而且效果很好。后来，他就将卷纸改成小圆木，再改成橡皮管，另一头改进为贴在患者胸部能产生共鸣的小盒，这就是现在的听诊器。

摸着石头过河，尽管医生在探索的过程中倍感艰难，同样打破行业的界限也不是一件容易的事情，但是，面临自己解决不了的难题，既然没有更好的方法，那么我们完全可以开阔自己的思路，吸收一些不同的想法和做法，举一反三，让不相同的事物串起来，使不可能变成可能。

在生活中，我们更加需要这种以一点观全局，以此类事物联想到彼类事物的思维方式。特别是在职场中，我们身边的很多人都从事过不同的行业，他们可能会觉得自己的不同经历之间是没有联系的，其实这样的想法是错误的。你可能现在在做编辑，但是曾经做过的销售工作，就可能为你开阔思路起到一定的作用，你的生活阅历也将是你进行创作的基础；你可能现在在做文员，可是以前的教师职业也能让你感受到文科办公室里的氛围，你的思想会在那个氛围当中得到很好的熏陶……虽然摸着石头过河有一些冒险，但是当你渡过了难关，你就会发现，自己已经从毛毛虫变成了一只翩翩起舞的漂亮蝴蝶。

在企业当中，同样需要将触类旁通运用到极致。众所周知，市场是没有现成的规律可以遵循的，它总是在以飞快的速度变化着。如果我们想要依靠相同领域里的其他人的思想来为自己创造效益，那么无疑我们就是在模仿他人。跟在别人的身后，是不会有什么大发展的，所以我们要走出一条属于自己的道路，但这又十分艰难。人的大脑是有限的，不可能事事都能想到对策，所以我们就要摸着石头过河，利用其他领域的观念，来创造自己的人生财富。

◎ 危机中往往隐藏着能够改变命运的机会

对有准备的人来说，危机中往往隐藏着能够改变命运的机会。

曾经有人做过一项调查，世界500强企业名录中，每过10年，就会有1/3以上的企业从这个名录中消失，这些企业或低迷，或破产。通过总结这些企业衰落的原因，人们发现，春风得意之时正是这些企业衰落的开始，因为正是在这个时候，他们忽视了危机的存在，忘记了产品开发以及经营管理的超前性，对前景盲目乐观，而且也忽视了为企业的长远发展所必需做的准备工作。

反观在500强中长期站住脚的企业，则对危机有着另一种认识，比尔·

盖茨就是一个危机感很强的人。当微软利润超过20%的时候，他强调利润可能会下降，当利润达到22%时，他还是说利润会下降，到了今天的水平，他仍然说利润会下降。他认为这种危机意识是微软发展的原动力。微软有个著名的口号"不论你的产品多棒，你距离失败永远只有18个月"，正是由于这种危机意识，这些企业才会把准备当成第一任务。因为，当一切准备充足时，你就不必害怕任何危机了。

有一天，猴子在树林里见到山猪在一棵大树旁拼命地磨牙。猴子非常奇怪，走过去问山猪："现在既没有别的动物来伤害你，也没有猎人来捕捉你，为什么还要这样努力地磨牙呢？"

山猪笑着说："现在磨牙正是时候，你想一想，一旦危险来临，我哪还有时间磨牙呀！现在磨得锋利点，等到用的时候就不会慌张了。"

这只山猪太聪明了，它知道在危险还未来临之前就把牙磨利，不然的话，很可能会在与其他猛兽的搏斗中丢掉性命。唉！有些时候，动物比人要聪明许多。动物已经把居安思危、未雨绸缪变成了一种本能，而有些人却还没有明白这个道理，往往自恃强大而忽视准备的重要性。

面对同样的危机，那些有准备的企业却能及时实施应对措施，不但能减少或免除企业的损失，还有可能把原本的危机变成促使企业发展的转机。

遭遇逆境未必就不是好事，危险总是孕育机会，黎明前总是太黑。当你身处逆境，换个角度去思考，说不定就能发现暗藏在其中的机遇，如果能抓住其中的机遇，说不定就能从此改变你的命运。正所谓祸福相依，没有绝对的好事，也没有绝对的坏事。机会不仅是给有准备的人，还是给那些在危机中看到机遇、善于开动脑筋的人。生活中遇到逆境，不是一味抱怨，而是肯用心留意，那么时时皆机遇，处处有财富。

古埃及国王要举行盛大的国宴，厨工在厨房里忙得不可开交。一名小厨工不慎将一盆羊油打翻，吓得他急忙用手把混有羊油的炭灰捧起来往外扔。扔完后去洗手，他发现手滑溜溜的，特别干净。小厨工发现这个秘密后，悄悄地把扔掉的炭灰捡回来，供大家使用。后来，国王发现厨工们的手和脸都变得洁白干净，便好奇地询问原因。小厨工便把自己的事情告诉了国王。国王试了试，效果非常好。很快，这个发现便在全国推广开来，并且传到希腊、罗马。没多久，有人根据这个原理研制出流行世界的肥皂。

我们谁都不愿意失败，因为失败意味着以前的努力将付诸东流，意味着一次机会的丧失。不过，一生平顺，没遇到过失败的人，恐怕是少之又少。所有人都存在谈败色变的心理，然而，若从不同的角度来看，失败其实是一种必要的过程，而且也是一种必要的投资。数学家习惯称失败为"或然率"，科学家则称之为"实验"，如果没有前面一次又一次的"失败"，哪里有后面所谓的"成功"？

全世界著名的快递公司DIL的创办人之一李奇先生，对曾经有过失败经历的员工则是情有独钟。每次李奇在面试即将走进公司的人时，必定会先问对方过去是否有失败的例子，如果对方回答"不曾失败过"，李奇直觉认为对方不是在说谎，就是不愿意冒险尝试挑战。李奇说："失败是人之常情，而且我深信它是成功的一部分，有很多的成功都是由于失败的累积而产生的。"

李奇深信，人不犯点错，就永远不会有机会从错误中学到东西。从错误中学到的远比在成功中学到的多得多。

另一家被誉为全美最有革新精神的3M公司，也非常赞成并鼓励员工冒险。他认为只要有任何新的创意都可以尝试，即使在尝试后是失败的。就算每次失败的发生率是预料中的60%，3M公司仍视此为员工不断尝试与学习的最佳机会。

3M坚持这种想法的理由很简单，失败可以帮助人再思考、再判断与重新修正计划，而且经验显示，通常重新检讨过的意见会比原来的更好。

美国人做过一项有趣的调查，发现在所有企业家中他们平均有3次破产的记录。即使是世界顶尖的一流选手，失败的次数也毫不比成功的次数"逊色"。例如，著名的全垒打王贝比路斯，同时也是被三振最多的纪录保持人。

其实，失败并不可耻，不失败才是反常，重要的是面对失败的态度，是能反败为胜，还是就此一蹶不振？杰出的企业领导者，绝不会因为失败而怀忧丧志，而是会回过头来分析、检讨、改正，并从中发掘重生的契机。

　　沮特·菲力说："失败，是走上更高地位的开始"。许多人之所以获得最后的胜利，就是受惠于他们的屡败屡战。对于没有遇见过大失败的人，他有时反而不知道什么是大胜利。其实，若能把失败当成人生必修的功课，你会发现，大部分的失败都会给你带来一些意想不到的好处呢！

第五章 ■

懂人心知人性,学点思考术让你无往不利

俗话说:"得人心者得天下。"掌控人心就能掌控一切。可是,生活中你是否曾因无力说服别人而懊丧? 是否曾被别人牵着鼻子走而浑然不觉?

面对纷纷扰扰的人际关系,你束手无策苦闷困惑,时常感叹为什么有些人就那么有心计? 为什么有些人就那么有手腕? 自己难道就只能傻乎乎地处于被动的境地吗?

相信你是心有不甘的。

其实,你大可不必为此而灰心丧气,也无需羡慕别人的交际能力,只要你懂人性,知人心,就会拨开迷雾见太阳,就能化被动为主动,就能明白人际交往中操纵与反操纵背后的秘密!

◎ 疏者密之,密者疏之——不要对人"过分热情"

每个人都需要一个能够把握的自我空间,它犹如一个无形的"气泡"为自己划分了一定的"领域",而当这个"领域"被他人触犯时,人便会觉得不舒服、不安全,甚至开始恼怒。

许多人都有这样的经验和体会:与某人的关系越亲密,越容易与其发

生摩擦和矛盾，反倒不及与初次见面者交往容易。家庭成员、情侣之间常常相互埋怨，正是这种情况的表现。按理说应该是交往得越深，就越容易相处，相互之间的人际关系也越好，可事实上并非如此原因何在？

这其实可以用心理学上的刺猬法则也叫心理距离效应来解释。那么，什么是刺猬法则呢？

刺猬法则说的是这样一个十分有趣的现象：在寒冷的冬季，两只困倦的刺猬因为冷而拥抱在了一起，但是由于它们各自身上都长满了刺，紧挨在一起就会刺痛对方，所以无论如何都睡不舒服。因此，两只刺猬就拉开了一段距离，可是这样又实在冷得难以忍受，因此它们就又抱在了一起。折腾了好几次，它们终于找到了一个比较合适的距离，既能够相互取暖又不会被扎。这也就是我们所说的在人际交往过程中的"心理距离效应"。

在现实生活中，这种例子举不胜举。一个你原来非常敬佩或喜欢的人，与其亲密接触一段时间后，对方的缺点就日益显露出来，你就会在不知不觉中改变自己对其原有的感情，甚至变得非常失望与讨厌他。夫妻、恋人、朋友以及师生之间都不例外。

曾有人做过这样一个实验。在一个大阅览室中，当里面仅有一位读者的时候，心理学家便进去坐在他(她)身旁，来测试他(她)的反应。结果，大部分人都快速、默默地远离心理学家到别的地方坐下，还有人非常干脆明确地说："你想干什么？"这个实验一共测试了整整80个人，结果都相同：在一个仅有两位读者的空旷阅览室中，任何一个被测试者都无法忍受一个陌生人紧挨着自己坐下。

由此可见，人和人之间需要保持一定的空间距离。人人都需要一个能够把握的自我空间，它犹如一个无形的"气泡"为自己划分了一定的"领域"，而当这个"领域"被他人触犯时，人便会觉得不舒服、不安全，甚至开始恼怒。

法国前总统戴高乐曾经说过："仆人眼里无英雄。"这也说明了人在和他人的交往过程中应该留有一定的余地即相应的心理距离，否则伟大也会变得平凡。戴高乐是一个非常会运用心理距离效应的人，他的座右铭是：保持一定的距离! 这句话深刻地影响了他与自己的顾问、智囊以及参谋们的关系。在戴高乐担任总统的10多年岁月中,他的秘书处、办公厅与私人参谋部等顾问及智囊机构中任何人的工作年限都不超过2年。他总是这样对刚上任的办公厅主任说:"我只能用你2年。就像人们无法把参谋部的工作当做自己的职业一样,你也不能把办公厅主任当做自己的职业。"这就是他的规定。

后来,戴高乐解释说,这样规定有两个原因。第一,他觉得调动很正常,而固定才不正常。这可能是受到部队做法的影响,因为军队是流动的,不存在一直固定在一个地方的军队。第二,他不想让这些人成为自己"离不开的人"。唯有调动,相互之间才能够保持一定的距离,才能够确保顾问与参谋的思维、决断具有新鲜感及充满朝气,并能杜绝顾问与参谋们利用总统与政府的名义来徇私舞弊。

戴高乐的这种做法值得我们深思。如果没有距离,领导决策就会过分依赖于秘书或者某几个人,易于让智囊人员干政,进而使他们假借领导名义谋一己之私,后果将会非常严重。所以还是保持一定距离为好。

在美国著名人类学家爱德华·霍尔博士看来:"通常而言, 彼此间的自我空间范围是由交往双方的人际关系与他们所处的情境来决定的。"据此,他划分了四种区域或者距离,每种距离分别对应不同的双方关系。

第一种是亲密距离。

这是人际交往中的最小距离,甚至被叫做零距离,也就是人们经常说的"亲密无间"。它的近范围是在6英寸约0.15米内,在此距离内,人们相互之间可以肌肤相触,耳鬓厮磨,以至能够感受到对方的体温、气味以及气息。

它的远范围是6~18英寸约0.15~0.44米,在此距离内,人们可以挽臂执手或者促膝谈心,通过一定程度上的身体接触来体现出相互之间亲密友好的关系。

在现实生活中,这种距离主要出现在最亲密的人之间。在同性间,常常仅限于贴心朋友,在异性间,仅限于夫妻与恋人。所以,在人际交往过程中,倘若一个不属于该亲密距离圈中的人,在没有经过对方允许时随意闯入这个空间，无论其用心与目的怎样，都是不礼貌的行为，都会引起对方的反感与彼此的尴尬，一般会自讨没趣。

第二种是个人距离。

这是在人际交往过程中稍有分寸感的距离。在此距离内，人们相互之间直接的身体接触并不多。其近范围在1.5~2.5英尺约0.46~0.76米，以能够互相握手及友好交谈为宜。这是熟人之间交往的空间。若是一个陌生人贸然进入此空间，就会构成对他人的侵犯。

其远范围在2.5~4英尺约0.76~1.22米。所有朋友与熟人都可以自由进入该距离，但一般情况下，和比较融洽的熟人谈话时，距离更靠近远范围的近距离即2.5英尺一端，而陌生人之间交往时则更靠近远范围的远距离即4英尺一端。

第三种是社交距离。

它和个人距离相比，无疑又远了一步，体现的是一种社交性或者礼节上的比较正式的关系。其近范围是4~7英尺约1.2~2.1米，人们在工作场所与社交聚会上通常都保持这种空间距离。

一次，主办人在安排外交会谈座位的时候发生疏忽，在两个并列的单人沙发中间未摆放茶几，结果，坐在那儿的两位客人一直都尽可能靠在沙发的外侧扶手上，而且身体也经常后仰。可以看出，在不同的情境和关系下，人们就需要调整不同的人际距离。倘若距离和情境、关系不对应的话，就会使人们出现明显的心理不适。

这种社交距离的远范围是7~12英尺约2.1~3.7米，它被认为是一种更正式的交往关系。

在公司里，经理们一般使用一个大而宽阔的办公桌，并在离桌子一段距离处摆放来访者的座位，这样就能和来访者在谈话时保持一定的距离。同理，在企业领导人之间谈判、工作招聘面试、教授与学生的论文答辩等时候，也常常都要隔一张桌子或者保持一定的距离，这样便增加了庄重的气氛，也增加了双方的适应程度，显得更得体与正式。

第四种是公众距离。

这种距离是在公开演说时演说者和听众之间保持的距离。它的范围一般在12~25英尺约3.7~7.6米,其最远范围在上百英尺以外。

这是一个基本上能够容纳所有人的"门户开放"空间。在此空间内,人们相互之间是可以不发生任何联系的,甚至人们完全可以对处于此空间内的其他人"视而不见",不和他们交往。

由此可见,在人际交往时,双方之间相距的空间距离是彼此之间是否亲近、友好的重要标志。所以,在人际交往中,选择正确的空间距离非常关键。

有了距离,才有了效果。有的时候人们常有这样的感觉,每天和爱人朝夕相处的时候,不觉得爱人很重要,一旦对方出差很长时间,就觉得对方在自己的生命里尤为重要。

这就是人们常说的"距离产生美"。就像我们经常在影视剧里看到的情景:一个男孩一直苦苦追求一个女孩,在追求的时候对她无比关心,可是女孩却总不领情,当这个男孩丧失信心停止追求之后,女孩往往会突然发现,自己好像爱上了这个男孩。这就是"距离产生美"的心理效果,虽然不一定是真的爱,但却是心理的变化。

懂得这个道理,我们就可以用"距离"来操纵对方的心理,实现自己的目标了。运用到管理实践中,就是领导者与下属保持心理距离,就可以避免下属的防备和紧张,可以减少下属对自己的恭维、奉承、送礼、行贿等行为,可以防止与下属称兄道弟、吃喝不分……

总之,这样做既可以获得下属的尊重,又能保证在工作中不丧失原则。一个优秀的领导者和管理者,要做到"疏者密之,密者疏之",这才是成功之道。

酒店之王希尔顿就深谙此道。

希尔顿为自己的旅馆王国立下过一条原则:最低的收费和最佳的服务。他要求饭店的所有职员一定要做到和气为贵,顾客至上。不管是谁违反了这一规定,都要受到严厉的惩罚。

在平时的工作中,希尔顿总是和蔼可亲,他爱与员工们谈天,关心他们的生活，热心帮助解决员工的困难，所以员工们与他的关系都很融洽。和希尔顿聊天，就像是和一位长辈谈心，不用拘束，也不用担忧，因为他是把每个人都当作酒店的主人来对待的。但在原则问题上，他是绝不含糊的。在工作之余，他从不邀请管理人员到家做客，也从不接受他们的邀请。

一次，饭店一位经理与顾客发生了争执，居然还大吵了起来。希尔顿知道这件事后，立刻辞退了这位经理。虽然这位经理业务能力很强，为饭店作出过不小的贡献，但希尔顿并没有姑息他，而是严格地执行了规章。

希尔顿这种说一不二的性格，使得许多员工都认为他是一个特别严肃的人，所以都很尊重他，而正是这种保持适度距离的管理，让希尔顿在酒店行业中的威望与日俱增。

与员工保持一定的距离，既不会使你高高在上，也不会使你与员工互相混淆身份，这是管理的一种最佳状态。距离的保持靠一定的原则来维持，这种原则对所有人都一视同仁，因为这样既可以约束领导者自己，也可以约束员工。掌握了这个原则，也就掌握了成功管理的秘诀之一。

除了在管理上，做生意也是如此。

一位朋友经常抱怨：三番五次地接到通讯公司发来的服务短信，说什么他刚才拨打的电话彩铃非常好听，要不免费试用2个月？弄得他烦不胜烦……类似的事情还有很多。比如美容店、理发厅给爱美的女士极力推荐美容新产品，推销办理各种会员积分卡、消费卡；影楼拍摄照片，店员极力推荐所谓的"优惠套餐"，并想尽办法让你增加洗片数量；到银行办理贷款，柜员费尽口舌要你办理某种理财业务；进入超市购物，服务员极力推荐某种洗发产品等等。

请记住，有的时候对人过分热情，不但没有任何效果，反而会招来反感！

◎ 先把自己的姿态放到最低，即使失败也可立于不败之地

某化妆品公司的经理，因工作上的需要，筹算让家住市区的推销员小王去近郊区的分公司工作。在找小王谈话时，经理说："公司研究，抉择你去负责新的工作。有两个处所，你任选一个。一个是在远郊区的分公司，一个是在近郊区的分公司。"

小王虽然不愿离开已经十分熟悉的市区，但也只好在远郊区和近郊区中选择一个稍好点的近郊区。而小王的选择，恰恰与公司的决定不约而合，而且经理并没有多费唇舌，小王也认为选择了一个理想的工作岗位。

在这个事例中，"远郊区"的呈现，缩小了小王心中的"秤砣"，从而使小王顺遂地接受去近郊区工作。经理的这种做法，虽然给人一种玩弄权谋的感受，但若是从公司和小王的发展考虑，这种做法也是应该倡导的。

其实仔细思考，生活中有很多情况都可以使用"先冷后热"效应，先把不好的情况告诉对方，然后再说出好的情况，对方的情绪就会得到缓和，化消极为积极情绪了。

一次，一架客机即将着陆，机上乘客忽然被通知，因为机场拥挤，无法降落，估计降落时间要推迟1小时。马上，机舱里一片埋怨之声，乘客们都期待着这难熬的时刻赶紧过去。几分钟后，乘务员发布消息，再过30分钟，飞机就可以降落了，乘客们如释重负地松了口气。又过了5分钟，广播里说，飞机马上就可以降落了。虽然晚了十几分钟，但乘客们却喜出望外，纷纷拍手相庆。

生活中和这种情况相似的例子有很多，比如对于饭店服务员来说，客人会催问菜要做好需要几分钟，如果服务员说的时间比实际情况长了，那么上菜时客人就会喜出望外，相反，如果服务员说的时间比实际情况短，客人会感到失望甚至是发火。

117

所以，聪明的服务员不会把时间往短了说，宁可先让客人有一点小失望，也不愿意菜没按时上来，让客人发更大的脾气。

为人处事上，难免有做得不好的时候，难免有不小心伤害他人的时候，难免有需要对他人进行批评指责的时候，在这些时候，假若处理不当，就会降低自己在他人心目中的形象。如果巧妙运用"先冷后热"效应，去操纵对方心理，不但不会降低自己的形象，反而会获得他人好的评价。

当不小心伤害他人的时候，道歉不妨超过应有的限度，这样不但可以显示出你的诚意，而且会收到化干戈为玉帛的效果；当要说令人不快的话语时，不妨事先声明，这样就不会引起他人的反感，使他人体会到你的用心良苦。

某汽车销售公司的老李，每月都能卖出30辆以上的汽车，深得公司经理的赏识。但由于种种原因，老李预计这个月可能只能卖出10辆车。深懂人性奥妙的老李赶紧对经理说："由于经济不好，市场萧条，我估计这个月顶多卖出5辆车。"经理点了点头，对他的看法表示赞成。

没想到1个月过后，老李竟然卖了12辆汽车，公司经理对他大大夸奖一番。假若老李说本月可以卖15辆或者事先对此不说，结果只卖了12辆，公司经理会怎么认为呢？他会强烈地感受到老李失败了，不但不会夸奖，反而可能指责。在这个事例中，老李把最糟糕的情况——顶多卖5辆车，报告给经理，使得经理心中的"秤砣"变小，因此当月业绩出来以后，对老李的评价不但没有降低，反而提高了。

你看到，老李在这个月开始进行销售工作之前，先给经理泼了下冷水，等到实际业绩出来之后，老李给经理端了盆热水，经理自然喜出望外，对他赞赏有佳。其实呢，车能卖多少老李心中有数，但是稍微用点冷热水效应，就成功地改变了经理的心情。

有的时候，我们到了一个陌生的环境，别人或许对你有很高的期望，这个时候，为了避免出现让别人失望的情况，也可以用一下冷热水效应。

比如刚入职场的新人，如果你没有把握能一下站住脚，不妨先把自己的姿态放到最低，这样，当你表现不错时，别人会对你格外满意。

蔡女士很少演讲，一次迫不得已，她对一群学者、评论家进行演说。她的开场白是："我是一个普普通通的家庭妇女，自然不会说出精彩绝伦的话语，因此恳请各位专家不要笑话我的发言……"经她这么一说，听众心中的"秤砣"变小了，许多开始对她怀疑的人，也在专心听讲了。她的简单朴实的演说完成后，台下的学者、评论家们感到好极了，他们认为她的演说达到了极高的水平。对于蔡女士的成功演讲，他们报以热烈的掌声。

我们在试图说服对方的时候，可以多用一下冷热水效应，因为只是去给对方端热水往往效果不大，比如销售员总喜欢对着顾客鼓吹自己的产品有多好，对你会有多大多大的帮助，这种方式往往收效甚微。换个思路或许结果大不相同。

一位成功的销售员乔治说起过这样一个他遇到的例子，他一直想销售保险给一家加油站的老板，却屡试不成。因为这个老板已买了4000美元的寿险，他觉得已经足够。

乔治始终觉得这个老板有购买保险的可能，但是，自己却很难说动他，怎么办呢？忽然乔治眼前一亮，想到了不久前发生在自己另一个客户身上的事，于是赶紧拿起电话打给这位加油站的老板。

"不要再给我打电话了，我已经买了足够的保险了。"老板没好气地说。

"是这样，先生，我这次打电话并不是想让您立刻购买我们的保险，而是我想起一件事，希望您能听一下，占用您几分钟时间。"乔治说。

"哦？什么事？"老板有点好奇。

"是这样，我有一个客户的妹妹刚结婚一年半，并且有一个小宝宝。她的丈夫仅有1000元的保险，孩子生下来之后，他曾考虑要多买5000元的保险，不过要等他付清煤炭的账单。后来，他得了肺炎——我的客户刚参加过他的葬礼。现在，我这位客户的妹妹和她的小婴孩，只剩下5吨的煤炭和那1000美元的保险费。我觉得做为您的朋友，我希望您再考虑一下多买一些保险的建议。当然，您不一定要从我这里买，只不过我们现在在搞促销，比较实惠一些。"乔治很诚恳地说。

"好的……谢谢你的建议，我考虑一下。"老板的态度变得客气起来。

没过几天，这位老板就主动打电话给乔治，要求多购买4000元的保险。是什么让这位老板的决定发生了翻天覆地的变化呢？只是乔治先讲了一个很好的例子罢了，而这个例子就像一盆冷水一样，摆在老板面前。虽然是发生在别人身上的事，但这位老板也害怕同样的事出现在自己身上。

讲完这个例子之后，乔治又端出一盆温水，告诉客户"我是您的朋友"、"现在在搞促销比较实惠"之类更有说服效果的话。

我们不是想告诉诸位，你去恐吓对方吧，他会被说服的。而是想告诉大家，在说服对方时，先拿出一些反面的、不好的例子，这样会增强你的说服力，更容易操纵对方的心理。

◎ 往最坏处思考，往最好的方向努力

生活中有很多的磨难和困境，那当你面对困境时，正确的做法是什么呢？

往最坏处打算，往最好的方向努力，这就是正确的做法。

世界著名的小提琴家欧尔·布尔在巴黎的一次音乐会上，忽然小提琴的A弦断了，他面不改色地以剩余的3根弦奏完全曲。佛斯狄克说："这就是人生，断了条弦，你还能以其余的3根弦继续演奏。"

是的，这就是人生，当第一根弦断的时候，如果你停下向前的脚步，对自己说自己再也没有希望，那么你剩下的3根弦就没有机会发挥它们的作用，但如果你继续拉下去，谁又能说你拉不出动听的曲子呢？

身处困境时，要往最坏处打算，但要往最好的地方努力，自动寻找突破的机会。和人相处也是如此，当你觉得自己时运不济的时候，不妨给自己端来一大盆冷水，让自己彻底降温。所谓"跌到谷底总会反弹"，冷静之后再出发，会收获无比的快乐。

你可以问自己,最糟糕的事是什么?损失金钱?失去爱情?离别亲人?遭人陷害?还是被病痛折磨得够呛?不,这些都不是最糟糕的事,只要你的生命尚存一口气息,只要你还活在这个世界上,你就没有理由抱怨自己的现状太糟。除此之外,任何东西你失去了,哪怕你现在一无所有,也能够从头再来,没什么大不了。

人的一生是一段漫长的路程,不要因为一时的失败就否定自己,要有从头再来的勇气。要用平常心去看待人生中的起落,不能因为一次的得失就断定一生的成败。人生的路上不可能永远一帆风顺,总有潮起潮落之时,有时失败也未必是坏事。没有昨天的失败,也许未必有今天的成功。人生最大的敌人是自己,只有敢于承认失败的人,敢于从头再来的人,才能最终战胜自己,战胜命运。面对失败,我们没什么可抱怨的,从哪里跌倒,就从哪里爬起来。

董静初中毕业后就在哥哥的印刷厂帮忙,每个月有1000多元的工资。后来,她自己出来单干,帮市区里的小旅馆和小餐馆印信纸、信封、筷子套、牙签袋等,一年也能赚个七八万元。这时候她已经结婚,并生有一个女儿,家庭算得上是幸福。

2004年的一天,她记得很清楚,那天早晨有人找她印一些收据,实际上是一些发票,给的价钱特别高,不到2000元的成本,就能赚1万元。董静觉得有点不妥当,但因为利润高,她还是印了。结果事情很快败露了,她被判了3年刑。对这次举动,她总结为"胆子太大了"。

她在监狱里待了2年半,这期间,丈夫和她离了婚,并要走了女儿的抚养权,每每想到这些,她就想一死了之。但是,生性倔犟的她终于还是熬过来,因表现良好,被提前半年释放。

回到家中,她不打算再做印刷生意了,就从哥哥那里借来2万元,开始了投资生涯。为保守起见,她找的都是店面,她投了一间商铺,只交了1万元定金,几个月后转手就赚了4万多。靠着"胆子大,眼光好",到2007年年底,她手里的2万已经变成20多万。

2007年的年底,看着股票市场一直在牛市坚挺,再加上对2008年存有太多的憧憬和梦想，她抽出自己的全部资金投进股市，计划着和2008年的奥运会一起风光一回。初期，的确赚了一笔，但是让人猝不及防的金融危机来了，股票暴跌，她的20多万仅仅剩下6万多。同时，之前投资的两家商铺，也一直租不出去，只能眼睁睁看着亏钱。

董静感觉自己又一次被扔进了黑暗中，那么无助，又那么无奈，年近30岁的她，一下子沧桑了许多。她在床上躺了整整两天两夜，第三天早上，她爬起来，用冷水洗了一把脸，对着镜子里的自己说，这辈子监狱都坐了，还有什么事情不能承受？大不了从头再来！

这个世界上大多数人都失败过，一些人越战越勇，排除万难迎来了成功，而另外一些人却从此一蹶不振，陷入人生的泥沼。其实，所有的不幸都不可怕，可怕的是我们丧失了斗志，失去了面对的勇气。只要我们的生命还在，跌倒了就爬起来，所有的伤痛都可以治愈！

有一首诗写道："白云跌倒了，才有了暴风雨后的彩虹。夕阳跌倒了，才有了温馨的夜晚。月亮跌倒了，才有了太阳的光辉。"在坚强的生命面前，失败并不是一种摧残，也并不意味着你浪费了时间和生命，而恰恰是给了你一个重新开始的理由和机会。

一次讨论会上，一位著名的演说家面对会议室里的200多人，手里高举着一张50元的钞票问："谁要这50块钱？"一只只手举了起来。

他接着说："我打算把这50块钱送给你们当中的一位，在这之前，请准许我做一件事。"他说着将钞票揉成一团，然后问："谁还要？"仍有人举起手来。他又说："那么，假如我这样做又会怎么样呢？"他把钞票扔到地上，又踏上一只脚，并且用脚碾它。而后，他拾起钞票，钞票已变得又脏又皱。"现在谁还要？"还是有人举起手来。

"朋友们，你们已经上了一堂很有意义的课。无论我如何对待那张钞票，你们还是想要它，因为它并没贬值，它依旧值50元。"

在人生路上，我们又何尝不是那"50元"呢？无论我们遇到多少的艰难困苦或是多少次失败受挫，我们其实还是我们自己，我们并不会因为一次的失败而失去固有的实力和价值，我们并不会因为身陷挫折而贬值。

现实中有太多的人曾无数次被逆境击倒、被欺凌甚至碾得粉身碎骨，因而失魂落魄地觉得自己一文不值！事实上无论发生什么，或将要发生什么，我们永远不会丧失价值。无论肮脏或洁净，衣着齐整或不齐整，我们依然是无价之宝。只要我们抱着大不了从头再来的勇气，下次的成功就一定属于自己！

◎ 循序渐进，不断缩小差距

一下子向别人提出一个较大的要求，人们一般很难接受，而如果逐步提出要求，不断缩小差距，人们就比较容易接受。这就是所谓的"登门槛效应"。

一列商队在沙漠中艰难地前进，昼行夜宿，日子过得很艰苦。

一天晚上，主人搭起了帐篷，在其中安静地看书，忽然，他的仆人伸进头来，对他说"主人啊，外面好冷啊，您能不能允许我将头伸进帐篷里暖和一下？"主人是很善良的，欣然同意了他的请求。

过了一会，仆人说道："主人啊，我的头暖和了，可是脖子还冷得要命，您能不能允许我把上半身也伸进来呢？"主人又同意了。可是帐篷太小，主人只好把自己的桌子向外挪了挪。

又过了一会儿，仆人又说："主人啊，能不能让我把脚伸进来呢？我这样一部分冷、一部分热，又倾斜着身子，实在很难受啊。"主人又同意了，可是帐篷太小，两个人实在太挤，他只好搬到了帐篷外边。

当个体先接受了一个小的要求后，为保持形象的一致，他可能接受一项更大、更不合意的要求，这叫做登门槛效应，又称得寸进尺效应。

心理学家认为，一下子向别人提出一个较大的要求，人们一般很难接受。如果逐步提出要求，不断缩小差距，人们就比较容易接受。这主要是由于人们在不断满足小要求的过程中已经逐渐适应，意识不到逐渐提高的要求已经大大偏离了自己的初衷。

登门槛效应通俗地说，就像我们登台阶一样，我们要走进一扇门，不可以一步飞跃，只有从脚下的台阶开始，一级台阶、一级台阶地登上去，才能最终走进门里。

想请求别人，让别人做一件事，如果直接把全部任务都交给他往往会让人家产生畏难情绪，拒绝你的请求，但是如果化整为零，先请他做开头的一小部分，再一点一点请他做接下来的部分，别人往往会想，既然开始都做了，就善始善终吧，于是就会帮忙到底。

有两个人做过一项有趣的调查。他们去访问郊区的一些家庭主妇，请求每位家庭主妇将一个关于交通安全的宣传标签贴在窗户上，然后在一份关于美化加州或安全驾驶的请愿书上签名。因为是一个小而无害的要求，所以很多家庭主妇爽快地答应了。

两周后，他们再次拜访那些合作的家庭主妇，要求她们再在院内竖立一个倡议安全驾驶的大招牌，该招牌并不美观，但只需保留两个星期。结果答应了第一项请求的人中有55%的人接受了这项要求。

他们又直接拜访了一些上次没有接触过的人，这些家庭主妇中只有17%的人接受了该要求。

是啊，既然已经在刚开始时表现出助人、合作的良好形象，那么即便别人后来的要求有些过分，也不好推辞了。生活中，要想让别人答应自己的要求，就需要借鉴登门槛效应。

如果你有一件棘手的事想请人帮忙，或者某个要求想征得别人同意，最好不要直接说出来，而是在提出自己真正的要求之前，先提出一个估计人家肯定会拒绝的大要求，待别人否定以后，再提出自己真正的要求，这样，别人答应自己要求的可能性就会大大增加。

西方二手车销售商卖车时往往把价格标得很低，等顾客同意出价购买时，又以种种借口加价。有关研究发现，这种方法往往可以使人接受较高的价格，而如果最初就开出这种价格，那么顾客则很难接受。

有一个人得了高血压，夫人遵照医嘱，做菜时不放盐，丈夫口味不适应,拒绝进食。后来夫人将医嘱折衷了一下,每次做菜少放一点盐,然后依次递减每次递减的程度很小,后来丈夫逐渐习惯了清淡的味道,即使一点盐不放,也不觉得不好吃了。

这些都是成功运用登门槛效应的案例,在人际交往中,当你要求某人做某件较大的事情又担心他不愿意做时,可以先向他提出做一件类似的、较小的事情,然后一步步地提成更大一些的要求,从而巧妙地操纵别人,最终达到自己的目的。

生活中,向人求助时,别忘了要循序渐进,逐步操纵他。反之,当别人向你提出一个小的要求时,也要当心他得寸进尺,一步步地操纵你。

总之,掌握了"欲进尺先得寸"的方法,你就掌握了操纵别人为你办事的技巧。

◎ 当面"恭维",不如背地赞美

阿华的公司长期和一家外贸企业合作做生意。外贸公司的大胖子徐经理可以说是他们的财神爷。有天在公司里,阿华极力劝说徐经理和他们扩大贸易范围,费了九牛二虎之力也没能说服徐经理。

徐经理刚一走,阿华就恼羞成怒地说:"你们看徐胖子,出息不多,顾虑不少。"结果徐经理忘了拿包,正好回来。虽然旁人不断给阿华使眼色,但他越说越得意:"他以为他是谁啊?往公司大门口一站,蚊子都只有侧着身子才能飞进来,他那条短裤,肯定是他老婆用两个米袋子改的……"全然没注意到徐经理正在自己后面。

过了一会儿,阿华才发现人们都不笑了,一回头,恰好看到徐经理涨得发紫的脸,阿华当时的那种尴尬劲就甭提了。

旁人赶紧打圆场:"阿华这个家伙,就是嘴巴讨厌。"阿华也急忙赔着笑脸道歉,说自己喜欢开玩笑。徐经理当时没吭一声就走了。

之后，虽然阿华多次请徐经理吃饭，想方设法赔礼道歉，但关系始终恢复不到以前的样子了，合作生意因此也少了很多。这就是背后说人坏话的代价。

相反，《红楼梦》中有这么一段描写：史湘云、薛宝钗劝贾宝玉作官为宦，贾宝玉大为反感，对着史湘云和袭人赞美林黛玉说："林姑娘从来没有说过这些混账话！要是她说这些混账话，我早和她生分了。"

凑巧这时黛玉正来到窗外，无意中听见贾宝玉说自己的好话，不觉又惊又喜，又悲又叹。结果宝黛两人互诉肺腑，感情大增。

在林黛玉看来，宝玉在湘云、宝钗、自己三人中只赞美自己，而且不知道自己会听到，这种好话不但是难得的，还是无意的。倘若宝玉当着黛玉的面说这番话，多心的林黛玉也许非但不领情，还会觉得宝玉在嘲笑自己，即使领了情，效果也没这么好。

做人做事有这样一条规则：判断别人时你自己也被别人判断。

一个经常说别人坏话，挑别人短处，指责别人错误的人，只会让人感到其爱挑剔而难于与其相处，让人感到其品质恶劣而对其厌烦。如果你总是认为这个也不好，那个也不行，人人都有问题，那么只能说明你自己不善于与人相处，自己有问题。别人正是通过你对别人的判断，来判断你的为人。

喜欢听好话似乎是人的一种天性。当来自社会、他人的赞美使其自尊心、荣誉感得到满足时，人们便会情不自禁地感到愉悦和鼓舞，并对说话者产生亲切感，这时彼此之间的心理距离就会因一句好话而缩短、靠近，自然就为交际的成功创造了必要的条件。

你会说那是因为上面两个故事里的当事人刚好在场。其实，我们在背后说的他人的好话，是很容易就会传到对方耳朵里去的，而且远比当面恭维别人效果好得多。

假如我们当着上司和同事的面说上司的好话，同事们会说我们是在讨好上司，拍上司的马屁，从而容易招来周围同事的轻蔑。另外，这种正面的歌功颂德所产生的效果是很小的，甚至还会有起反效果的危险。同时，上司脸上可能也挂不住，没准还会说我们不真诚。

在背后赞扬别人，能极大地表现说话者的"胸怀"和"诚实"，有事半功倍之效。比如夸赞上司，说他办事公平，对你的帮助很大，还从来不抢功，那么，往后上司在想"抢功"时，便可能会手下留情。

背后赞美，最好力争是"第一次发现"，你所发现的对方的特色、潜能、优势最好是别人谁也没有发现，甚至是他自己也没有发现的内容。这样你的赞扬更容易被流传出去，而且也会令当事人恍然大悟，瞬间增强自信，从而对你产生好感。

背后赞美也要与对方的内心好恶相吻合，他自己认为是缺点，内心极为厌恶，或者别的人也不觉得这是怎么值得赞美的，但却被你背后夸奖吹捧，结果传到他耳朵里的时候，往往变成了故意讽刺，那你的赞美就会适得其反。这也不能怪人家，谁叫你说得这么离谱，让听到的人都觉得不真诚，更别提当事人了。

所以，一定要寻找对方最希望被赞美的内容，各人有各人优越的地方，有自知优越的地方，他们固然盼望得到别人公正的评价，但在那些还不是优点的地方，他们尤其不喜欢受到人家的恭维。

例如女孩子，都喜欢听到别人夸赞她们美丽，但对于具有倾国倾城姿色的女孩就要避免再去赞扬了，而应称赞她的智慧。如果她的智慧又恰好不如别人，那么你的称赞一定会使她雀跃无比。

如果怕说错话，不如来个"背后的背后"，可以引用他人的评价，对当事人加以赞美。比如"你知道吗？我听我爸爸说过，这人是一位有名望的作家"，"我不认识这位企业家，但是我的老朋友经常夸奖他，我相信朋友的眼光不会错，所以我很想认识他"……

注意，被引用的人要是你的朋友、亲人或者是有名望的人。这样虽然费劲一点，但是，证明你对当事人的成就、声誉是费了功夫打听来的，对方会欣然接受你的赞美，还会觉得你是个真诚的人。对你开拓人脉，寻找贵人也不无好处。

◎ 与其言而无信，不如别向他人承诺

"君子一言，驷马难追"，讲的是做人的信用度。一个不讲信用的人，是为人所不齿的。现在的生意场上，公司、企业做广告做宣传，树立公司、企业在公众中的形象，就是想提高公司、企业的信用度。信用度高了，人们才会相信你，和你有来往，成交生意，你办事才会容易成功。

人无信不立。信用是个人的品牌，是办事的无形资本。有形资本失去了还可以重新获得，而无形资本失去了就很难重新获得了。办事再困难也不能透支无形资本。

诸葛亮有一次与司马懿交锋，双方僵持数天，司马懿就是死守阵地，不肯向蜀军发动进攻。诸葛亮为安全起见，派大将姜维、马岱把守险要关口，以防魏军突袭。

这天，长史杨仪到帐中禀报诸葛亮说："丞相上次规定士兵100天一换班，今已到期，不知是否……"诸葛亮说："当然，依规定行事，交班。"众士兵听到消息立即收拾行李，准备离开军营。忽然探子报魏军已杀到城下，蜀兵一时慌乱起来。

杨仪说："魏军来势凶猛，丞相是否把要换班的4万军兵留下，以退敌急用。"诸葛亮摆手说："不可。我们行军打仗，以信为本，让那些换班的士兵离开营房吧。"众士兵闻言感动不已，纷纷大喊："丞相如此爱护我们，我们无以报答丞相，决不离开丞相一步。"蜀兵人人振奋，群情激昂，奋勇杀敌，魏军一路溃散，败下阵来。

诸葛亮向来恪守原则，换班的日期来到，即毫不犹豫地交班，就是司马懿来攻城也不违反原则。以信为本，诚信待人，终于完成了他的杰作。

顾炎武曾以诗言志："生来一诺比黄金，那肯风尘负此心"，以此表达自己坚守信用的态度。言必信，行必果，不但是对人的尊重，更是对己的尊重。

当朋友托我们给他办事时，我们若能提供帮助那是义不容辞。但是，办事要量力而行，不要做"言过其实"的许诺。因为，诺言能否兑现除了个人努力的问题，还有一个客观条件的因素。平时可以办到的事，由于客观环境变化了，一时又办不到，这种情形是常有的事。因此就需要我们在朋友面前不要轻率地许诺，更不能明知办不到还打肿脸充胖子，在朋友面前逞能，许下"寡信"的"轻诺"。

当你无法兑现诺言时，不仅得不到朋友的信任，还会失去更多的朋友。

有一个年轻人在银行工作，他过去的老师想开一家公司，却缺少资金，便去问他能不能帮忙贷款。他想："这是老师第一次找自己帮忙，怎么能拒绝呢？"当即一口答应。可是，他毕竟刚参加工作不久，还没取得说话的资历，老师的贷款请求又不完全合乎规章，所以，当老师租好门面，请好员工，等着资金开业时，他这里却拿不出钱来，搞得很被动。老师大怒，责备他说："你这不是捉弄我吗？你即使不想帮我，也不该害我！"他能说什么呢？只好苦笑而已。

有些人是不好意思拒绝别人而向他人承诺，而有些人则喜欢胡乱吹嘘自己的能力，随随便便向别人夸下海口，承诺自己根本办不到的事情。结果不但事情没有办成，自己的人缘也搞臭了。

某厂职工小方，经常向同事炫耀自己在市房管所有熟人，能办房产证，而且花钱少、办事快。开始人们还信以为真，有些急于办理房产证的同事便交钱相托，但时过多日，不见回音，问到小方，他说："近来人家事儿太多，再等等。"拖得时间长了，同事们对他的办事能力产生怀疑，便向他要钱，他找理由说："谋事在人，成事在天。懂不懂？你的事儿虽然没办成，可我该跑的跑了，该请的请了，你不能让我为你掏腰包吧？"言下之意，钱没了。

从此以后，小方的话再也没人信了，以至于人们在闲暇聊天时，只要小方往人群里一站，大伙好像有一种默契似的，始而缄默不语，继而纷纷散去。

既然许下诺言，那么无论刀山火海都不能反悔，你不能言而无信。所以，干脆不要轻易向人承诺，不轻易向人许诺你可能办不到的事，就不会失信于人。

要获得守信的形象并不容易。最要紧的一条是，别答应你无法兑现的事。这不仅是一个主观上愿不愿意守信的问题，也是一个有无能力兑现的问题。一个人经常答应自己无力完成的事，当然会使别人一次又一次失望。

一个商人临死前告诫自己的儿子："你要想在生意上成功，一定要记住两点：守信和聪明。"

"那么什么叫守信呢？"儿子焦急地问。

"如果你与别人签订了一份合同，而签字之后你才发现你将因为这份合同而倾家荡产，那么你也得照约履行。"

"那么什么叫聪明呢？"

"不要签订这份合同。"

如果将守信理解为一种品德，那么可能会较难坚持，但如果将它理解为一种回报率很高的长期投资，可能会比较容易变成一种自觉的行动。当你获得了一个守信用的形象时，就会获得越来越多人的信任，也会因而带来越来越多的机会，这就好似拥有了一座金矿。反之，缺此一条，别的方面再优秀，也难成大器。

◎ 话到嘴边绕三圈，想好了再开口

有位做母亲的感觉很苦，因为她与自己上小学的儿子无法沟通。她苦口婆心地与儿子谈，却总是没有效果。这一天，儿子在学校又惹事了，母亲却因突发咽喉炎而失声，当她拉着孩子的手与他面对面坐下时，她很急、很气，但不能说一句话，只是紧紧地将孩子的手握在手心，很久。

第二天，儿子对母亲说："妈妈，你昨天什么都没说，但我全明白了。"

出乎意料的效果，让母亲热泪盈眶。

是的，有时候，没有声音强过有声音。在职场上，为什么不让自己多做事，少说话呢？所谓"祸从口出"，如果少说话，不但不会有被同事出卖的危险，而且也不会因为你说得少，就剥夺了你表现自己的机会，因为大多数上司看中的是你做了什么，而不是你说了什么。

我们在说话之前，一定要"话到嘴边绕三圈"，给自己思考的余地，想好了再说，而不要为了一时的口舌之利招灾惹祸。

把"我的"说成"我们的"

《福布斯》杂志上曾登过一篇名为"良好人际关系的一剂药方"的文章，其中有几点值得借鉴。

语言中最重要的5个字是："我以你为荣！"

语言中最重要的4个字是："您怎么看？"

语言中最重要的3个字是："麻烦您！"

语言中最重要的2个字是："谢谢！"

语言中最重要的1个字是："你！"

语言中最次要的1个字是："我。"

亨利·福特二世描述令人厌烦的行为时说："一个满嘴'我'的人，一个独占'我'字，随时随地说'我'的人，是一个不受欢迎的人。"

农夫甲和农夫乙忙完了田里的工作，一起回家。他们走在路上，农夫甲忽然发现地上有一把斧头，就跑过去捡起那把斧头。他说："我们发现的这把斧头还挺新啊！"就想带回家占为己有。农夫乙看到这把斧头是农夫甲发现的，应该归他所有，就对农夫甲说："你刚才说错了，你不应该说'我们发现'，因为这是你先看见，所以你应该改口说'我发现了一把斧头'才对。"

他们两个继续往前走，农夫甲的手上仍然拿着那把斧头。过了一会儿，遗失这把斧头的人走了过来，远远地看见农夫甲的手上拿着他的斧头，就匆匆忙忙地追上来，眼看对方就要追上来了。这时候农夫甲很紧张地看了农夫乙一眼，然后说："怎么办？这下子我们就要被他捉到了。"

农夫乙听他这么一说，知道甲想把责任归咎到两个人的身上。于是农夫乙就很严肃地对农夫甲说："你说错了，刚才你说斧头是你发现的，现在人家追来了，你就应该说'我快被他捉到了'，而不是说'我们快被他捉到了'。"

在人际交往中，"我"字讲得太多并过分强调，会给人突出自我、标榜自我的印象，这会在对方与你之间筑起一道防线，形成障碍，影响别人对你的认同。因此，关注攻心的人，在语言交流中，总会避开"我"字，而用"我们"开头。

人们最感兴趣的就是谈论自己的事情，而对于那些与自己毫无相关的事情，大多数人觉得索然无味。对于你表现出很大兴趣的事情，常常不仅不能引起别人的共鸣，说不定别人还觉得好笑。年轻的母亲会热情地对人说："我们的宝宝会叫'妈妈'了。"她这时的心情是高兴的，可是旁人听了会和她一样地高兴吗？不一定，谁家的孩子不会叫妈妈呢？你可不要为此而大惊小怪！这是正常的事情，如果是不会叫妈妈的孩子那才是怪事呢。所以，在你看来是充满喜悦的事情，别人却不一定有同感，这是人之常情。

竭力忘记你自己，不要总是谈你个人的事情。人人喜欢的是自己最熟知的事情，那么，在交际上你就可以利用别人的这一特性，尽量去引导别人说他自己的事情，这是使对方高兴最好的方法。你以充满同情和热诚的心去听他叙述，你一定会给对方以最佳的印象，并且对方会热情欢迎你，热情接待你。

无论是与朋友还是客户交谈，多谈一谈对方的得意之事，这样容易赢得对方的赞同。如果恰到好处，他肯定会高兴，并对你心存好感。

美国著名的柯达公司创始人伊斯曼，捐赠巨款在罗彻斯特建造一座音乐堂、一座纪念馆和一座戏院。为承接这批建筑物内的坐椅，许多制造商展开了激烈的竞争。但是，找伊斯曼谈生意的商人无不乘兴而来，败兴而归，一无所获。正是在这样的情况下，"优美座位公司"的经理亚当森，前来会见伊斯曼，希望能够得到这笔价值9万美元的生意。

伊斯曼的秘书在引见亚当森前，就对亚当森说："我知道您急于想得到这批订单,但我现在可以告诉您,如果您占用了伊斯曼先生5分钟以上的时间,您就完了。他是一个很严厉的大忙人,所以您进去后要快快地讲。"亚当森微笑着点头称是。

亚当森被引进伊斯曼的办公室后,看见伊斯曼正埋头于桌上的一堆文件,于是静静地站在那里仔细地打量起这间办公室来。

过了一会儿,伊斯曼抬起头来,发现了亚当森,便问道:"先生有何见教?"

秘书把亚当森作了简单的介绍后,便退了出去。这时,亚当森没有谈生意,而是说:"伊斯曼先生,在我等您的时候,我仔细地观察了您这间办公室。我本人长期从事室内的木工装修,但从来没见过装修得这么精致的办公室。"

伊斯曼回答说:"哎呀!您提醒了我差不多忘记了的事情。这间办公室是我亲自设计的,当初刚建好的时候,我喜欢极了,但是后来一忙,一连几个星期我都没有机会仔细欣赏一下这个房间。"

亚当森走到墙边,用手在木板上一擦,说:"我想这是英国橡木,是不是?意大利的橡木质地不是这样的。"

"是的",伊斯曼高兴得站起身来回答说:"那是从英国进口的橡木,是我的一位专门研究室内橡木的朋友专程去英国为我订的货。"

伊斯曼心情极好,便带着亚当森仔细地参观起办公室来了。

他把办公室内所有的装饰一件件向亚当森作介绍,从木质谈到比例,又从比例扯到颜色,从手艺谈到价格,然后又详细介绍了他设计的经过。

此时,亚当森微笑着聆听,饶有兴致。他看到伊斯曼谈兴正浓,便好奇地询问起他的经历。伊斯曼便向他讲述了自己苦难的青少年时代的生活,母子俩如何在贫困中挣扎的情景,自己发明柯达相机的经过,以及自己打算为社会所做的贡献……亚当森由衷地赞扬他的功德心。

之前秘书警告过亚当森,谈话不要超过5分钟。结果,亚当森和伊斯曼谈了1个小时,又1个小时,一直谈到中午。

最后伊斯曼对亚当森说:"上次我在日本买了几张椅子,放在我家的走廊里，由于日晒，都脱了漆。昨天我上街买了油漆，打算由我自己把它们重新油好。您有兴趣看看我的油漆表演吗？好了，到我家里和我一起吃午饭，再看看我的手艺。"

午饭以后，伊斯曼便动手，把椅子一一漆好，并深感自豪。直到亚当森告别的时候，两人都未谈及生意。最后，亚当森不但得到了大批的订单，而且和伊斯曼结下了终身的友谊。

为什么伊斯曼把这笔大生意给了亚当森，而没给别人？这与亚当森的口才很有关系。如果他一进办公室就谈生意，十有八九要被赶出来。亚当森成功的诀窍，就在于他了解攻心对象。他从伊斯曼的办公室入手，巧妙地赞扬了伊斯曼的成就，谈得更多的是伊斯曼的得意之事，这样，就使伊斯曼的自尊心得到了极大的满足，把他视为知己。这笔生意当然非亚当森莫属了。

不要脱口而出说"你错了"

当我们犯了错误时，并非意识不到犯了错误，只是顽固地不肯承认而已。所以，当你对一个人说"你错了"时，必然会撞在他固执的墙上。

没有几个人具有逻辑性思考的能力。我们多数人都具有武断、固执、嫉妒、猜忌、恐惧和傲慢等缺点，所以我们很难向别人承认自己错了。而且，一个人说错话或者做错事，总是有原因的，所以我们即使明知自己错了，也会强调客观原因，认为错得有理。

正如罗宾森教授在他的《下决心的过程》中所说：

"我们有时会在毫无抗拒或热情淹没的情形下改变自己的想法，但是如果有人说我们错了，反而会使我们迁怒对方，更固执己见。我们会毫无根据地形成自己的想法，但如果有人不同意我们的想法时，反而会全心全意维护我们的想法。显然不是那些想法对我们珍贵，而是我们的自尊心受到了威胁……'我的'这个简单的词，是为人处事的关系中最重要的，妥善运用这两个字才是智慧之源。不论说'我的'晚餐，'我的'狗，'我的'房子，'我的'父亲，'我的'国家或'我的'上帝，都具备相同的力量。我们不但不喜欢说我的表不准，或我的车太破旧，也讨厌别人纠正我们对火车的知识……我们愿意继续相信以往惯于相信的事，而如果我们所相信的事遭到了怀疑，我们就会找借口为自己的信念辩护。结果呢，多数我们所谓的推理，变成找借口来继续相信我们早已相信的事物。"

有一位先生，请一位室内设计师为他的居所布置一些窗帘。当账单送来时，他大吃一惊，意识到在价钱上吃了很大的亏。

过了几天，一位朋友来看他，问起那些窗帘的价格时，说："什么？太过分了，我看他占了你的便宜。"

这位先生却不肯承认自己做了一桩错误的交易，他辩解说："一分钱一分货，贵有贵的价值，你不可能用便宜的价钱买到高品质又有艺术品味的东西……"

结果，他们为此事争论了一个下午，最后不欢而散。

当我们不愿承认自己错了的时候，完全是情绪作用，跟事情本身已经没有关系。当我们错的时候，也许会对自己承认，如果对方处理得很巧妙而且和善可亲，我们也会对别人承认，甚至为自己的坦白直率而自豪。但如果有人想把难以下咽的事实硬塞进我们的食道，那我们是决不肯接受的。

既然我们自己是这种习性，那么就可以理解别人也具有同样的习性，因此不要把所谓"正确"硬塞给他。

有一位汽车代理商，在处理顾客的抱怨时，常常冷酷无情，决不肯承认是自己这方面的错误，总想证明问题的根源是顾客在某些方面犯了错误。结果，他每天陷于争吵和官司纠纷中，心情一天比一天坏，生意也大不如以前。

后来，他改变了处理客户抱怨的办法。当顾客投诉时，他首先说："我们确实犯了不少错误，真是不好意思。关于你的车子，我们有什么做得不合理的地方，请你告诉我。"这个办法很快使顾客解除武装，由情绪对抗变成理智协商，于是事情就容易解决了。如此一来，这位代理商就能轻松地处理每一件事情，生意也越来越好。

当我们说对方错了的时候，他的反应常让我们头疼，而当我们承认自己也许错了时，就绝不会有这样的麻烦。这样做，不但能避免所有的争执，而且可以使对方跟你一样地宽宏大度，承认他也可能弄错。

古埃及阿克图国王在一次酒宴中对他的儿子说："圆滑一点，它可使你予求予取。"

不要对别人的错误过于敏感，不要执着于所谓正确的意见，不要轻易刺激任何人。如果你要使别人同意你，应当牢记的一句话就是："尊重别人的意见，永远别轻易说'你错了'。"

不要随便把自己的"破绽"告诉对方

前不久，小张抱怨说自己被同事出卖了。他们两个是一同进的公司，工作表现也相差不多。面临严峻的经济形势，公司有裁员的打算。因为他们是好朋友，所以无话不谈。在一次吃饭的过程中，他对自己的同事说："最近人心惶惶，一点也没有工作的心思，所以我就上班玩游戏打发时间。"

同事非常好奇地问："难道不怕被老板发现吗？"

小张沾沾自喜地说自己有妙招："我打的是隐蔽性极强的巨人游戏。"

可想而知，他的同事为了保住自己的饭碗，将这件事告发了。就在他游戏玩得正酣之时，老板站到了他的电脑前，铁证如山，他无言以对。他只能看着愤怒的老板离去，并且等待着被裁的消息。

被出卖的感觉许多人都明白，一旦被出卖，感觉全世界都骗了你，感觉你只是工具，你被人利用了，从尊严和人格上，都被污辱了。而同事之间的出卖更是家常便饭，难怪很多人郁闷地问了一次又一次："职场上到底有没有朋友？"

我可以回答你："有的。"

"是朋友，为什么要出卖我？"你一定会接着这样问。

答案很简单，第一，前面说过，朋友要分等级，你认为他是朋友，可是，职场便是一个利益场，"朋友"这个概念显得非常苍白。第二，出卖你的也许不是你的同事，而是你自己。不是吗？谁让你口无遮拦，恣意妄为？谁让你说对自己没有好处的话，或者自己违反纪律的话？这纯粹是一种愚蠢的行为。

如果把职场比喻成为一片汪洋，每个在汪洋中奋进的泳者，除了要锻炼自己的泳技实力外，也要顾虑起伏的潮汐，行有余力，还可以当个救生员来拉同事一把。然而并不是任何人都可以胜任救生员的工作，毕竟想要救人，得先学会自救。

热心的救生员或许曾救过无数的人，然而，也有救生员在执行救人任务时，惨遭对方拖下水。

曾经在职场上有过被人出卖经验的人，没有不为自己捏把冷汗的。别以为平日同事对自己照顾有加，就可以全然不顾一切对他掏心掏肺，害人之心不可有，防人之心不可无！

可实际生活中，许多人都有一个通病，就是在闲暇的时候喜欢议论他人，但是千万要记住，议论也要分场合和对象。在午休时，或是在闲暇的时候与同事聊天，不注意说了关于上司和公司的坏话，说不定就会被谁听了去，结果传到了上司的耳中。或者是关系非常好的几个同事聚在一起喝酒，谈论的话题总是有关公司和上司的，总爱发表一下对公司或上司的意见或不满，结果被传到上司那儿，上司对你的态度就大不如从前。

这种事在现实生活中确实不少。同事之间的相处要把握好尺度，不要全部交心，即使是关系非常要好的同事。相互发一些有关上司的牢骚，也是不明智的行为。同事之间应该是相互勉励、相互促进的关系。

在工作过程中，因每个人考虑问题的角度和处理问题的方式难免有差异，对上司所做出的一些决定有看法，在心里有意见，甚至变为满腔的牢骚，这些都是难免的，但切记不可到处宣泄，否则经过几个人的传话，即使你说的是事实也会变调变味，待上司听到了，便成了让他生气难堪的话了，难免会让上司对你产生不好的看法。

同样，无论出于什么样的目的，涉及公司商业秘密的话也不要随便外传。这样的话说出去以后，一样会招来"杀身之祸"。

下面故事中，小强的亲身经历，也许可以让你明白这个道理。

小强曾经放弃了原本发展不错的外资公司，与上司一起跳槽。因为他是老上司极力推荐的人选，新公司老总还算器重和信任他，把一些较为复杂的工作放心地交给他去做。这让他较欣慰，尤其让他高兴的是，只要他一从老总办公室出来，大伙就对他亲热起来，问长问短。

时间一长他发现，原来，大家总是想从他口里套到公司的有关机密。为了和大家打成一片，他就把一些事告诉了大家。可后来他发现，如此的"牺牲"并没换来同事的真心。一天同事在背后说："一个连老板都敢出卖的人，估计不是什么好人，谁敢和他走得近！"听到这种话，他欲哭无泪，也很心寒。

让他更没有想到的是，有同事将他所说的秘密告诉了老总。老总知道后非常愤怒，因为一个自己如此信任的人却可以随便将公司未公布的机密透露出去，说明了这个人不可信，老总觉得信错了小强。一怒之下，只能将小强开除了事。

有一个寓言故事也充分说明了这个道理。

森林里，狐狸垂涎刺猬的美味很久了，但一直苦于刺猬的一身硬刺，狐狸一点办法都没有。

刺猬和乌鸦是好朋友，一天，刺猬和乌鸦聊天，乌鸦说很美慕刺猬有这么好的铠甲，刺猬经不起乌鸦的吹捧，忍不住对乌鸦说："我的铠甲也不是没有弱点。当我全身蜷起时，腹部还有个小眼不能完全蜷起。如果朝那个小眼吹气，我受不了痒，就会打开身体。这个秘密我只跟你说，千万要替我保密，要传出去被狐狸知道了，那我就死定了。"

乌鸦信誓旦旦地说："放心好了，你是我的好朋友，我怎么会出卖你呢？"

不久，乌鸦落在了狐狸的爪下。就在狐狸要吃乌鸦时，乌鸦想到刺猬的秘密，就对狐狸说："你放了我，我就告诉你刺猬的死穴"。

于是狐狸放了乌鸦，后果可想而知。

其实，真正出卖刺猬的是它自己。它生活在一个充满危险、弱肉强食的森林里，能保护它的只有一身硬刺。它却为逞一时口舌之快，把自己的破绽告诉了乌鸦。

职场犹如战场,每个人也许都有自己那层别人所不能拥有的"铠甲",这是自己安身立命的根本。即使面对关系颇好,跟自己没有直接利益关系的同事也不能随便说出去,否则这个同事遇到困难之时,也许会将你的这个秘密作为交换的筹码,去取得自己的利益。

自己都不能替自己保守的秘密,又怎能要求别人替你保守呢?

所以,保护自己至关重要。在工作中,可以与同事抱着交朋友的心理,但事事要留三分,话到嘴边绕三圈。

一次无心的议论也许会变成他人的成事跳板, 对自己无疑是一大坏处。所以记得一定主动管好你的嘴巴。

1.对于不该说的话坚决不要说,哪怕自己憋得不行,也不能轻易在同事面前抱怨或者倾诉,可以找自己生活中的朋友或者同学来排解。

2.职场上的同事,可以是朋友,但当利益来临之时,朋友的关系也会随之变质。

3.不要事事都掏心窝子似的告知他人,因为总有一天这也许会成为危害自己职业安全的撒手锏。

4.老板是一个人,而不是神,他不能眼观六路,耳听八方,偏听偏信在所难免。也没有那么多时间——调查了解每一个细节,所以不要轻易给同事留下告密的把柄。

◎ 不揭他人之短,不探他人之秘

"逆鳞"一说可能许多人并不太了解。逆鳞就是龙喉下直径一尺的地方,传说中龙的身上只有这一处的鳞是倒长的,无论是谁触摸到这一位置,都会被激怒的龙杀掉。

人也是如此,无论一个人的出身、地位、权势、风度多么傲人,都有不能被别人言及、不能冒犯的角落，这个角落就是人的"逆鳞"。

因为人人都有各自不同的成长经历，都有自己的缺陷、弱点，也许是生理上的，也许是隐藏在内心深处不堪回首的经历，这些都是他们不愿提及的伤疤，是他们在社交场合极力隐藏和回避的问题。被击中痛处，对任何人来说，都不是一件令人愉快的事。无论是对什么人，只要你触及了他这块伤疤，他都会采取一定的方法进行反击，从而获求一种心理上的平衡。

揭短，有时是故意的，那是互相敌视的双方用来攻击对方的武器；有时又是无意的，那是因为某种原因一不小心犯了对方的忌讳。但是总体来说，有心也好，无意也罢，在待人处世中揭人之短都会伤害对方的自尊，轻则影响双方的感情，重则导致人际关系紧张。

张小姐是某机关办公室文员，她性格内向，不太爱说话。可每当就某件事情征求她的意见时，她说出来的话总是很"刺"，而且她的话总是在揭别人的短。

有一回，自己部门的同事穿了件新衣服，别人都称赞"漂亮"、"合适"之类的话，可当人家问张小姐感觉如何时，她直接回答说："你身材太胖，不适合。"甚至还说："这颜色真艳，只有街头早锻炼的老太太才这样穿。"

这话一出口，便使得当事人很生气，而且周围大赞衣服如何如何好的人也很尴尬。

虽然有时张小姐会为自己说出的话不招人喜欢而后悔，可很多时候，她照样说特让人接受不了的话。久而久之，同事们把她排除在团体之外，很少就某件事去征求她的意见。

尽管这样，如果偶然需要听听她的意见时，她还是管不住自己，又把别人最不爱听的话给说出来了。

现在在公司里几乎没有人主动答理她，张小姐自然明白大家不答理她的原因。

我们常说矬子面前不说短、胖子面前不提肥、"东施"面前不言丑，对让人失意的事应尽量避而不谈。避讳不仅是处理人际关系的技巧问题，更是对待朋友的态度问题。尊重他人就是尊重自己。要为自己留口德。

通常情况下，人在吵架时最容易暴露其缺点。无论是挑起事端的一方还是另一方，都是因为看到了对方的缺点并产生了敌意，敌意的表露使双方关系恶化，进而发生争吵。争吵中，双方在众人面前互相揭短，使各自的缺点都暴露在大庭广众之下，无论对哪一方来说都是不小的损失。

某公司的一个部门里有两个职员，工作能力难分伯仲，互为竞争对手，谁会先升任科长是部门内十分关心的话题。但这两个人竞争意识过于强烈，凡事都要对着干。快到人事变动时，他们的矛盾已激化到了不可收拾的地步，好几次互相指责，揭对方的短。科长及同事们怎么劝也无济于事。结果，两人都没有被提升，科长的职位被部门其他的同事获得了。因为他们在争执中互相揭短，在众人面前暴露了各自的缺点，让上级认为两人都不够资格提升。

《菜根谭》中有句话："不揭他人之短，不探他人之秘，不思他人之旧过，则可以此养德疏害。"做大事的人，他不会冒冒失失地挑起争端，反而会做好表面文章，让对方觉得你对他是富有好感，凡事为他着想的。

任何一个人都是可以成为敌人也可成为朋友的，而多一些朋友总比四面树敌要好。把潜在的对手转化为自己的朋友，这才是最好的办法。

打人不打脸，骂人不揭短。言论自由的现代社会，人们一样也有忌讳心理，有自己与人交往所不能提及的"禁区"。在办公室中，尤其是那种当面揭短的话更是不能说，因为揭短不但会使同事之间的关系恶化，还可能造成更为严重的后果。

但事实是，有些人认识到揭短的害处，甚至会奉劝自己的朋友，自己却在行为上不能克制。只能提醒别人而不能提醒自己，这同样是很危险的。

在一座小城里，有一个老太太每天都会坐在马路边望着不远处的一堵高墙，她总觉得它马上就要倒塌，很危险。于是见有人向那里走过去，她就善意地提醒："那堵墙要倒塌了，远着点走吧。"

被提醒的人不解地看着她，大模大样地顺着墙根走过去了，但那堵墙并没有倒塌。老太太很生气："怎么不听我的话呢？"

接下来的3天，她仍然在提醒着别人，但许多人都从墙根走过去了，也没有遇到危险。

第四天,老太太感到有些奇怪,又有些失望:"它怎么没有倒呢?明明看着要倒的啊。"

她不由自主地走到墙根下仔细观望,然而就在此时,墙终于倒塌了,老太太被淹没在石砖当中,当场气绝身亡。

为什么我们不能在提醒别人的时候也提醒自己呢?

提醒自己给别人留点余地、给别人留点尊严。每个人都有不足的地方,容许别人的不足,也是对自己的宽恕,因为世界上没有完人,包括自己。

1.不要以为随便揭别人的短,可以让自己显得更加高尚。错了,这么做只能说明自己没有道德。

2.想在上司面前揭同事的短,来借此突出自己是极为危险的。

3.如果你当面揭上司的短,那么就做好走人的准备吧。

◎ 察言观色,人心难测但可以测

在我们刚刚踏上社会的时候,老一辈人总是告诫我们:要看别人的脸色行事,万万不可莽撞。刚开始,我们都认为这句话是消极的,大丈夫闯天下,靠的是自己的本事,凭什么要看别人的脸色行事?但现实是复杂的,我们与人交往时不得不"察颜观色"。

晓林的同学明天结婚,晓林去找领导请假。进了门以后,晓林发现领导正对着一张纸发愣,眉头锁在了一起。晓林怯生生地走过去,把同学的大红请柬放到领导桌子上,说明了来意。没想到领导看了看,说了句:"单位这么忙,哪有时间老掺和这个?"就继续低头看东西去了。

晓林一脸郁闷地走出了办公室,心想以前自己请过几次假,领导没这样过啊。后来他才知道,因为领导有外遇,老婆找上门来了,给领导扔下了一张离婚协议书,正逼着他签字呢。晓林这时候拿着别人的结婚请柬去,不是找不自在吗？

一个人的心理状态、精神追求、生活爱好等等，都或多或少地要在他们的表情、服饰、谈吐、举止等方面有所表现，只要你察言观色，就能发现合适的话题。

美国心理学家保尔·埃克曼曾经做过这样一个实验：他把一些白人的照片拿到新几内亚一个处于石器时代的部落中去。那里的岛民与世隔绝，以前从未见过白人，但他们都能正确无误地说出照片上白人的各种表情表达什么意思，这就是人类表情的共性特征。随着时代的发展，人类的内心世界越来越丰富，表情作为心灵脸谱的作用也就越来越明显。有经验的人通过观察人的表情和表情变化，就可以探知对方的内心世界。俗话说"看天要看云，看人要看脸，看云知天气，看脸知人心"就是这个道理。

我们分析面部表情，应该从两个方面下手。

一个是固化在人脸上的表情所显示的个人性格特点。

一般来看，面部皱纹较多的人，大多经历坎坷，故而做事踏实求稳，待人态度和蔼可亲，有长者之风；耳朵大的人善于倾听别人的意见，同时不害怕挑战和风险；嘴唇厚的男人比较木讷，但心地善良，情感细腻；眉毛细长的女人则多才多艺，缺点是性格急躁，容易发火；双眉间留有纹路的人，是那种内心不容易感到满足、欲望过多的人，因为欲望多，但现实又不能满足他，经常皱眉，所以就容易产生眉间纹；而对待别人刻薄的人，则爱撇嘴，所以嘴角边、脸颊两侧也容易留下皱纹。

另一个是表情细微变化所显示的个人心理变化。

这在心理学上叫作"微表情"，也就是说，人们可以不表达自己的真实感受，但是，在人们做的不同表情之间，或是某个表情里，脸部却会"泄露"出真实的想法。

美国联邦调查局官员卡特在调查一起杀人案时，碰到了一个硬钉子。嫌疑人马尔默坚决不承认自己杀害了邻居，警方现有的证据也没有办法证明马尔默就是凶手。

面对性格沉稳、狡猾诡诈的马尔默，卡特精心设计了一套询问方案，围绕着马尔默在杀人案前后的行踪设计了很多问题。比如杀人案发生之前，马尔默究竟在哪里，马尔默是否听到了什么怪异的声音，杀人案发生之后，马尔默是如何知道消息的等等。当然，这些问题中包含着一个重要的核心问题，那就是你认为凶手会怎么处理凶器呢？是丢弃在下水道或不远处的湖里，还是带走？

马尔默的回答相当简单，如果能用一个字说清楚，他绝不会用两个字。一番讯问下来，卡特的搭档们认为卡特这次又是徒劳无功，可卡特却信心满满地告诉大家："没错，凶手就是这个马尔默！"

大家都非常奇怪，这次讯问，马尔默的回答和上一次几乎相同，这个家伙似乎早就把回答警方提问的答案准备好并且背熟了，为什么这一次卡特就能确定他是凶手呢？

卡特告诉大家，在刚才的询问过程中，他非常注意观察马尔默的微表情变化。马尔默是个具有一定反侦察能力的人，他知道如果不敢和卡特对视，那么他很容易被认定是凶手，所以在整个询问过程中，马尔默一直和卡特对视。但实际上，马尔默的心里并不平静。卡特让他猜测凶手可能怎样处理凶器时，中间提到了"不远处的湖里"这个地点，虽然当时马尔默的表情镇定自若，但是他的眼皮却轻轻眨了一下，这种眨眼并非出自生理的需要，而是他下意识地想遮挡住卡特看透他心灵的目光，但这种遮掩的效果恰恰证明了马尔默的心虚。

卡特和搭档们再接再厉，最终从马尔默家旁边的湖里，发现了一把带有马尔默指纹的尖刀，马尔默只能低头认罪。

微表情因其发生时间极为短暂、动作幅度细微而容易被我们忽视，但是这种表情却是我们了解对方心境的第一手资料。微表情的作用如此重要，观察微表情却是一件不太容易的事。通常情况下，只有10%的人天生具有体察微表情的能力，好在观察微表情这种技能并非深不可测，我们很多人经过训练，也能在这方面达到一定的高度。

微表情的显著特点是动作"微"和消失"快"，我们只有加强锻炼自己的观察能力，逐渐形成善于观察的习惯，才能看得见微表情。

注意积累微表情变化显示的心理状态。从目前的积累来看，人们总结出了一些微表情的含义，比如：微笑——自信；指尖搭成塔尖——深具自信；微偏头微笑——自在友善；摸鼻子——思考；手指摩擦手心——焦虑；咬指甲——缺乏安全感；把玩领带或项链——心神不宁；抿嘴唇——窘迫；眼睛向上看——迟疑；扶眉骨——羞愧；双手抱臂——不安；嘴微张，眼睁大——错愕；手插口袋——紧张；撇嘴唇——不屑；挠头——不知所措；眼睛左顾右盼——害怕。

当然，这种微表情代表的含义并不是一成不变的，它会因人而异，因环境而异。所以，我们在生活中，除了积累这种常规性的微表情含义外，对于需要长期交往的朋友，我们还要注意积累具有他个人特征的微表情含义。只有这样，我们才能灵活运用微表情进行识人。

要注意区分先天动作和后天动作。有些人的微表情是长期生活习惯造成的，即便他的心里并没有产生我们想象的思绪，但是他也可能表现出同样的微表情。

观色说得差不多了，具体的要你具体去练习。现在，我们接着来说说"察言"。

社交中，绝大多数人都有使用口头语的习惯。这种口头语言是由于习惯而逐渐形成的，具有鲜明的个人特色。往往这些口头语能体现说话人的真实心理和个性特点，所以，不要小看这些不起眼的口头禅，它们背后往往隐含着大秘密，对你了解对方会有很大帮助。

"说真的"、"老实说"、"的确"、"不骗你"

这种人在说这话之前有一种担心对方误解自己的心理，性格有些急躁，内心常有不平，希望别人能够相信自己。

"果然"

一般来说，经常连续使用"果然"的人，大多强调个人主张，自以为是。

"另外"、"还有"

这种人思维比较敏捷，对周围的一切都充满好奇心，喜欢参与各种各样的事情，但做事容易厌倦，只凭一时的热情，往往不能坚持到底，不能善始善终。这类人的思想很前卫，富于创新，经常有一些别出心裁的创意，让人耳目一新。

"啊"、"呀"、"这个"、"嗯"

经常使用这些词的人，一般会有两种，一是他们词汇少，反应比较迟钝，在说话时利用作为间歇的方法而形成的口头语习惯。二是一般一些领导会在会上发言时，经常用这些话来显示领导风范。

"其实"

这类人经常用"其实"来转移一下话题，他们往往自我表现欲望强烈，希望能引起别人的注意。他们大多比较任性和倔犟，并且多少还有点自负。

"听说"、"据说"、"听人说"

经常使用此类用语的人，他们往往是在给自己说话留有余地。这种人一般处事比较圆滑，虽见多识广，但是决断力却不够。

"最后"、"怎么样怎么样"

这类人大多是潜在欲望未能得到满足。

"但是"、"不过"

这类人一般是在发表自己的看法以后，遭到别人的攻击，这时常常用"但是"一词作为转折，还是在坚持自己的观点，说明这种人有些任性。"但是"语气是为保护自己而使用的，也反映了其温和的特点，他说得委婉没有断然的意味。从事人力资源的人会经常使用这样的词语，往往是先赞扬再"但是"。

"应该"、"必须"、"必定会"

经常使用这些话语的人，一般自信心极强，往往以"家长"的身份来告诉你什么应该做，什么不应该做，表面上显得很理智、冷静。但是，如果"应该"说得过多的时候，则加重自己不肯定的想法。大多担任领导职务的人，易有此类口头语。

"确实如此"

经常使用这个词的人，大多是浅薄无知，经常跟在别人的后面随声附和，常常自以为是。

"可能吧"、"或许是吧"、"大概是吧"

说这种口头语的人，一般比较圆滑，很少发表自己的观点，他们对他人的观点也很少评论，通常不会将内心的想法完全暴露出来。遇事沉着、冷静，所以，工作和人事关系都不错。这类口头语隐藏了自己的真心。

"反正"

经常说这类话的人，一般是悲观主义者。他们说话喜欢用否定的语气，往往给人一种世界末日的感觉。在尚未行动前，就满脑子的"反正干了也白干"、"反正……"等消极思想，结果自然是放弃。

"那时要是这样做就好了"

经常说这种话的人，往往是"马后炮"，事情发生以后才知道究竟该如何去做，对自己先前的决定后悔不已。但是遇到相同的事情时，总是拖拖拉拉，缺乏行动力。

"想当年……"

这类人一般是对现在的境遇非常不满，经常在比自己资历浅的人面前大谈特谈，向人叙述着自己昔日的丰功伟绩。在现实生活中，这种人往往是些不折不扣的失败者，想借昔日的生活或想象来告慰现实中自己悲惨的境遇，忘却现实的残酷。

"绝对"、"百分之百"、"肯定"、"不可能"

经常使用这类词语的人，比较武断，不是太缺乏自知之明，就是自知之明太强烈了。他们往往在与人争执的时候，为了维护自己所谓的尊严，会不断地用"绝对"等词进行保证。

"我只告诉你"

经常说这种话的人，往往不够成熟。往往是自己不应该告诉，但是又想告诉别人，但对人说，又怕泄露消息，只好不断地强调这个秘密，我只告诉你，千万不要让别人知道。这样做的目的有二个：第一，以这种方式讨好他人；第二，向他人炫耀自己知道这个秘密。实际上，像这种轻易泄露秘密的人，是不会获得他人的信任的。

"我早就知道了"

经常使用"我早就知道了"的人，有强烈表现自己的欲望，在谈话中常常争论自己是主角，用这句话来说明自己知识面比较广，自己什么都知道。但对他人而言却缺少耐性，不是一个合格的听众。

如果想通过口头语更好地观察、了解和认识一个人，则需要在生活和与人交往中仔细揣摩和分析，只有在实际运用中才会收到良好的效果。

需要注意的是，根据上述语句来判断某个人的心理或性格时，首先需要确定这句话确实是这个人的习惯用语，而非偶尔为之。而且，谈话中语言的措辞当然不止以上几种，我们还要在人际交往中多观察，多总结。

第六章 ■

思考自己的定位，用自知洞察出路

人生犹如一张地图，必须找到目前你所在的准确位置并确定最终的目的地所在，才能描绘出一道清晰的生命轨迹。

"让世界退立一旁，让任何知道自己要往何处去的人通过。"明确自己想要的人生，确定自己心中的未来，命运的钥匙就在自己的手心里。

◎ 跨越心理高度，走出自我设限的牢笼

一位科学家曾做过这样一个实验：把跳蚤放在桌子上，然后一拍桌子，跳蚤条件反射似地跳起来，跳得很高。然后，科学家在跳蚤的上方放一个玻璃罩，再拍桌子，跳蚤再跳就撞到了玻璃。跳蚤发现有障碍，就开始调整自己的高度。然后科学家再把玻璃罩往下压，之后再拍桌子。跳蚤再跳上去，再撞上去，再调整高度。就这样，科学家不断地调整玻璃罩的高度，跳蚤就不断地撞上去，不断地调整高度。直到玻璃罩与桌子高度几乎相平，这时，科学家把玻璃罩拿开，再拍桌子，跳蚤已经不会跳了，变成了"爬蚤"。

跳蚤之所以变成"爬蚤"，并非它已丧失了跳跃的能力，而是由于一次

次受挫学乖了。它为自己设限，认为自己永远也跳不出去。尽管后来玻璃罩已经不存在了，但玻璃罩已经"罩"在它的潜意识里，"罩"在它的心上，变得根深蒂固。这也就是我们所说的"自我设限"。

你是否也有过类似的遭遇？生活中，一次次的受挫、碰壁后，奋发的热情、欲望就被"自我设限"压制、扼杀。你开始对失败惶恐不安，却又习以为常，丧失了信心和勇气，渐渐养成了懦弱、犹豫、害怕承担责任、不思进取、不敢拼搏的心理意识和习惯，这些裹足不前的意识渐渐捆绑住你，让你陷在自我的套子里无力自拔，久而久之，你就失去了创造热情，再也奋发不起来了。其实过多的"自我设限"是没有必要的，人本身具有巨大的潜能，只要你勇敢地发掘，你就会发现，原来事情并没有自己想象的那样可怕，成功的大门是向所有人敞开的。

威尔玛4岁那年，不幸患上了双侧肺炎和猩红热。虽然治愈，但她的左腿却因此而残疾了，因为猩红热引发了小儿麻痹症。从此，幼小的威尔玛不得不靠拐杖行走。经历了太多苦难的母亲却不断地鼓励她，希望她相信自己并能超越自己。看到邻居家的孩子追逐奔跑时，威尔玛对母亲说："我想比邻居家的孩子跑得还快！"母亲虽然一直不断地鼓励她，可此时还是忍不住哭了，她知道孩子的这个梦想将永远难以实现，除非奇迹出现。

奇迹终于出现了！经历了艰难而漫长的锻炼后，威尔玛终于在9岁那年扔掉拐杖站了起来。母亲一把抱住自己的孩子，泪如雨下。5年的辛苦和期盼终于有了回报！

13岁那年，威尔玛决定参加中学举办的短跑比赛。学校的老师和同学都知道她曾经得过小儿麻痹症，直到此时腿脚还不是很利索，便都好心地劝她放弃比赛。但威尔玛决意要参加比赛，老师只好通知她母亲，希望她母亲能好好劝劝她。然而，母亲却说："她的腿已经好了，让她参加吧，我相信她能超越自己。"事实证明母亲的话是正确的。

比赛那天，母亲也到学校为威尔玛加油。威尔玛靠着惊人的毅力一举夺得100米和200米短跑的冠军，震惊了校园。从此，威尔玛爱上了短跑运动，为了实现比邻居家的孩子跑得还快的梦想，她每天早上坚持练习短跑，就算练到小腿发胀、酸痛也不放弃。她想办法参加一切短跑比赛，总能获得不错的名次。

在1956年奥运会上，16岁的威尔玛参加了4×100米的短跑接力赛，并和队友一起获得了铜牌。1960年，威尔玛在美国田径锦标赛上以22秒9的成绩创造了200米的世界纪录。在当年举行的罗马奥运会上，威尔玛迎来了她体育生涯中辉煌的巅峰。她参加了100米、200米和4×100米接力比赛，每场必胜，接连获得了3块奥运金牌。

这个世界上没有那么多的"不可能"，只要你坚持不懈，生命中没有什么是不可战胜的。其实，很多时候我们没有成功，并不是说我们不具备成功的潜质，而是我们在经历了一两次挫折之后，开始变得畏缩不前，失去了敢于向生活挑战的勇气。

生活中，没有任何困难或逆境可以成为我们畏缩不前的理由，当我们犹豫彷徨、怀疑自己时，一定要拿出勇气走出"自我设限"的心理误区，让自己勇敢地去面对。只有这样，你才能大步向前，推开成功的大门。

陀思妥耶夫斯基说："凡是新的事情在开始的时候总是这样的，起初热心的人很多，而不久就会冷淡下去，撒手不做了，因为他已经明白，不下一番苦功是做不成的，而只有真正想做的人，才忍得住这种痛苦。"

有一次一位士兵给拿破仑送信，由于过于匆忙，在他把信件送到之前，所骑的马就摔死了。

拿破仑口述完回信之后，将信交给这位士兵使者，并命令他骑上自己的马，尽可能快地将回信送过去。这位士兵看着这匹戴着极好马饰的高贵的马，说道："不行，将军，这匹马对于一名普通的士兵来说太豪华太高贵了。"拿破仑说道："相比较法国士兵来说，没有什么东西太豪华，或太高贵。"

世界上到处都有像这个可怜的法国士兵一样的人，他们认为别人拥有的东西对他们来说都太优秀，与他们卑微的身份不相称，他们不应该享有同样优秀的东西。他们意识不到，恰恰是自己这种妄自菲薄的态度削弱了自己的意志力。他们对自己没有足够的自信，没有足够的期望，也没有足够的要求。

如果你自认为是侏儒，只期待渺小的事情，你永远也不可能成为巨人。雕像永远只会像模特儿，而模特儿就是雕像的心理极限。

溪流的流向永远不会高于它的源头。

能否跨越现有的心理高度将成为一种标志，它代表了与理想相匹配的能力，代表了能够让理想成为现实的力量。这种跨越能够激发我们内在的潜能，唤起我们体内更优秀、更崇高的品质。

跨越自己的心理高度能够让一个普通人成功，而如果不能跨越自己的心理高度，就算是天才也将会遭受失败。跨越现有的心理高度能带你走到山巅，因此你可以拥有很好的视野，在那里，你所能看到的风景是那些在山谷里的人无法想象到的。

新的心理高度会为我们开启一扇理想之门，让我们能够看见生活中无限的可能性，并为我们展示自己体内那不可战胜的力量。

新的心理高度是我们体内的先知，是被指派来陪伴人类的神圣信使，它将引导与鼓励我们走完人生。

新的心理高度让人类看到自身的潜力，使我们不至于灰心丧气，不至于停止向上奋斗的步伐。

新的心理高度能让我们看到我们所看不到的东西，它能让我们看到我们由于疑虑与恐惧而被遮蔽的才智、能力与潜力。

......

跨越自己的心理高度会让你穿越当下的界限，挣脱当下的枷锁，跨越当下的障碍，看到更远大的未来。

正是远大的追求让哥伦布能够承受西班牙内阁的嘲笑与诋毁。当水手们以叛变相威胁，当小船在未知海域茫然飘摇时，正是坚定的信念让他能够支撑下去，朝着自己的目标前行。

正是超出常人的心理高度赋予富尔顿以勇气与决心，让他敢于在数千名抱着幸灾乐祸的态度看他出洋相的市民面前，首次驾驶"克莱蒙"号逆流而上前往休斯敦。尽管全世界都在反对他，但他相信他的尝试一定会成功。

跨越心理高度就能创造奇迹！历史上，那些不断跨越自己心理高度的人完成了多少看似不可能完成的任务。如果不是因为跨越了自己的心理高度，多少发明者和发现者会在重重困难以及不断失败的实验当中彻底失去勇气的前提下，重新出发取得最好的成功。正是这种跨越才让这些英雄人物坚持到底，直到成功为止。

如果我们敢于往上看，我们就能到达伟人所能到达的高度。

许多人举步不前，唯一的原因也许就是因为他们低估了自己。他们思想的局限性、认为自己无用和愚蠢的信念几乎可以说是他们最大的障碍。在宇宙当中，如果一个人自认为无能，那就没有任何力量可以帮助他去实现成功。

失败者往往都是那些受困于自身心理高度的人。他们总是认为自己不配拥有世界上最优秀的东西，各种优秀与美好的事物都不是为他们而设计。这些人之所以做着卑微的工作，过着平庸的生活，都是因为他们对自己的要求与期望值不够高。他们不明白，自己完全可以掌控自己的命运，可以实现任何可能的目标，做自己想做的人！

◎ 聆听自我的需求，跟随内心的召唤

熙熙攘攘的伦敦街头，繁华的霓虹灯下，一个可怜的乞丐站在地铁出口处卖铅笔，很多人看也不看一眼便越过他直奔自己的目的地。乞丐正盘算着如何更好地乞讨以解决自己的晚餐时，一名商人路过，向乞丐杯子里投入几枚硬币，匆匆忙忙而去。过了一会儿商人转回来取了支铅笔，他说："对不起，我忘了拿铅笔，你我毕竟都是商人。"乞丐犹如遭遇当头棒喝……

几年后，商人参加一次高级酒会，遇见了一位衣冠楚楚的先生向他敬酒致谢。那这位先生说，他就是当初卖铅笔的乞丐。他生活的改变，得益于商人的那句话：你我都是商人。那位先生对商人说："是你给了我重新定位

人生的机会。"

故事告诉我们，当你把自己定位于乞丐，你就是乞丐；当你把自己定位于商人，你就是商人。定位对于人生举足轻重，一个人的发展在某种程度上取决于自己对自己的评价，在心目中你把自己定位成什么，你就是什么，因为定位能决定人生，定位能改变人生。

汽车大王福特自幼帮父亲在农场干活，12岁时，他就在头脑中构想用能够在路上行走的机器代替牲口和人力，而父亲和周围的人都要他在农场做助手。若他真的听从了父辈的安排，世间便少了一位伟大的企业家，所幸，福特坚信自己可以成为一名机械师。

于是他用1年的时间完成了其他人需要3年才能完成的机械师训练，随后又花2年多时间研究蒸汽原理，试图实现他的目标，但未获成功。后来他又投入到汽油机研究上来，每天都梦想制造一部汽车。他的创意被大发明家爱迪生所赏识，邀请他到底特律公司担任工程师。

经过10年努力，在29岁时，福特成功地制造了第一部汽车引擎。今日美国，每个家庭都有一部以上的汽车，底特律是美国大工业城市之一，也是福特的财富之都。福特的成功，不能不归功于他定位的正确和不懈的努力。

反过来说，就算你给自己定位了，如果定得不切实际，或者没有一种健康的心态，也不会取得成功。

在美国西部的一个小乡村，一位家境清贫的少年在15岁那年，写下了他气势非凡的毕生愿望："要到尼罗河、亚马逊河和刚果河探险；要登上珠穆朗玛峰、乞力马扎罗山和麦金利峰；驾驭大象、骆驼、鸵鸟和野马；探访马可波罗和亚历山大一世走过的道路；主演一部《人猿泰山》那样的电影；驾驭飞行器起飞降落；读完莎士比亚、柏拉图和亚里士多德的著作；谱一部乐曲，写一本书；拥有一项发明专利；给非洲的孩子筹集100万美元捐款……"

他洋洋洒洒地一口气列举了127项人生的宏伟志愿。不要说实现它们，就是看一看，也足够让人望而生畏了。

少年的心却被他那庞大的毕生愿望鼓荡得风帆劲起，他的全部心思都已被那一生的愿望紧紧地牵引着，并让他从此开始了将梦想转为现实的漫漫征程，一路风霜雨雪，硬是把一个个近乎空想的凤愿，变成了活生生的现实，他也因此一次次地品味到了搏击与成功的喜悦。44年后，他终于实现了《一生的愿望》中的106个愿望。

他就是上个世纪著名的探险家约翰·戈达德。

当别人惊讶地追问他是凭着怎样的力量，把那许多注定的"不可能"都踩在了脚下。他微笑着如此回答："很简单，我只是让心灵先到达那个地方，随后，周身就有了一股神奇的力量，接下来，就沿着心灵的召唤前进罢了。"

成功是人人都渴望的，但是坚持不达目标不罢休，以及能为到达成功彼岸而付出一切努力，却不是人人都能做到的。究竟怎样才能走向成功呢？

约翰·戈达德，用自己的经历演绎了一个真理，那就是安静下来，听从内心的指引。如此，才能明确自己的象限，找准自己的坐标，才能勾勒出自己清晰的人生轨迹。明确人生的目的地，并为此不懈努力，才能最终成功抵达。

你听清楚内心的指引了吗？

19世纪，约翰·皮尔彭特从耶鲁大学毕业，前途看上去充满了希望。然而命运似乎有意捉弄他。皮尔彭特对学生是爱心有余而严厉不足，他很快就结束了做教师的职业生涯。但他并没有因此而灰心，依然信心十足。不久他当了一名律师，准备为维护法律的公正而努力。但他的性格似乎一点都不适合这一职业。他认为当事人是坏人就会推掉找上门来的生意，他认为当事人是好人又会不计报酬地为之奔忙。对于这样一个人，律师界当然感到难以容忍，皮尔彭特只好再次选择离去，成了一位纺织品推销商。然而，他好像并没有从过去的挫折中吸取教训。他看不到商场竞争的残酷，在谈判中总让对手大获其利，而自己只有吃亏的份。于是，他只好再改行当了牧师。然而，他又因为支持禁酒和反对奴隶制而得罪了教区信徒，被迫辞职……

1886年，皮尔彭特去世了。在他81年的生命历程中，他似乎一事无成。但是，你一定听过这首歌："冲破大风雪，我们坐在雪橇上，快速奔驰过田野，我们欢笑又唱歌，马儿铃儿响叮当，令人心情多欢畅……"

这首家喻户晓的儿歌《铃儿响叮当》，它的作者正是皮尔彭特。这是他在一个圣诞节前夜作为礼物，为邻居家的孩子们写的。因为他有着开朗乐观的性格、博大无私的胸怀、纯洁明净的内心，所以才能写出这样一首充满爱心和童趣的优秀作品。

由此看来，皮尔彭特之所以做不成称职的教师、律师和牧师，之所以在这些领域里一塌糊涂，就在于他的性格不适合这些职业。而他最适合的职业就是作家，可惜他选错了职业，最后才落得如此结局。

皮尔彭特的故事告诉我们，再贵重的东西如果用错了地方，也只能是垃圾或废物。在人生的坐标系里，一个人占到好地盘，比什么都强。

所以，看看自己的位置错了没有？位置站错了，那么一开始你就错了，如果还要继续错下去，你可能会永久地在卑微和失意中沉沦。

做自己最擅长的事情，并且勤奋地工作，这是最容易取得成功并实现致富的方法。如果做的还是自己想做的事，那么不但容易致富，而且致富后还将获得极大的满足感。

生命的真正意义在于能够做自己想做的事情。如果我们总是被迫去做自己不喜欢的事情，永远不能做自己想做的事情，我们就不可能拥有真正幸福的生活。可以肯定，每一个人都可以并且有能力做自己想做的事，想做某种事情的愿望本身就说明我们具备相应的才能或潜质。

如果我们的内心有演奏音乐的渴望，这说明，我们所具有的演奏音乐的技能在寻求表现和发展；如果我们的内心有发明机械设备的渴望，这说明，我们所具有的机械方面的技能在寻求表现和发展。如果我们具有想做某件事情的强烈愿望，这本身就可以证明，我们在这方面具有很强的能力或潜能。我们所要做的，就是去发展它，同时正确地运用它。

在其他所有条件相同的情况下，最好选择一个能够充分发挥自己特长的行业。但是，如果我们对某个职业怀有强烈的愿望，那么，我们应该遵循愿望的指引，选择这个职业作为自己最终的职业目标。

做自己想做的事情，做最符合自己个性、令自己满心愉悦的工作，这是我们天生的权利。

谁都无权强迫我们做自己不喜爱的工作，我们也不应该去做这样的工作，除非它能够帮助我们最终获得自己喜爱的工作。

　　如果因为过去的失误，导致我们进入了自己并不喜爱的行业，处在不如意的工作环境中，那么有一段时间我们确实不得不做自己并不想做的事情。但是，如果目前的工作完全有可能帮助我们最终获得自己喜爱的工作，认识到这一点，看到其中蕴藏的机会，那么我们就能够把眼下所从事的工作变成一件同样令人愉悦的事情。

　　如果我们觉得目前的工作不适合自己，请不要仓促转换工作。通常说来，转换行业或工作的最好方法，是在自身发展的过程中顺势而为，在现有的工作中寻找改变的机会。当然，如果一旦机会来临，在审慎地思考和判断后，就不要害怕进行突然的、彻底的变化。但是，如果我们还在犹豫，还不能得出明确的判断，请不要仓促行事、贸然行动。

　　在创造的世界里，我们从来都不缺少机会，所以我们不要操之过急、草率行事。

　　一旦摆脱了竞争致富的心态，我们就会明白根本不需要匆忙行事。我们想要做什么就去做好了，别人无法阻止我们，我们也不需要和他人竞争。每一个人都有自己的位置和机会，如果一个很好的职位已经被别人占据，不远的将来就会有一个更好的职位等着我们，我们有足够的时间去获得它。

　　因此，当我们感到困惑，不知道如何抉择时，请停下来重新审视自己的愿望，增强致富的信心和决心。并且，在我们难以抉择的时候，一定要尽自己所能，培养我们的感激之心。

　　花上数日的时光，深思自己想要得到的东西究竟是什么，并对自己已经得到的东西心怀深深的感激之情。这样，我们的思想将更靠近"特定方式"，我们在行动时就不会出现错误。至高的力量无所不能，如果我们心怀真诚的感激，我们所拥有的成功信心和决心就会与这种力量和谐统一，推动我们进步。

　　一个人如果做事草率，或者行动时心存恐惧和疑虑，或者根本忘记了自己的愿望，那么他就无法避免错误。进行思考并行动，我们一定会获得越来越多的机会。我们应该毫不动摇地坚守自己的信心和决心，并以感激的心情与宇宙能量的智慧同行。

每一天，我们都要尽心尽力地去做自己能做的事情。但是，做事的时候，不要急于求成，不要焦躁不安，不要畏缩恐惧。应该尽快地行动，但绝不要仓促行事。

记住，如果我们失去镇静然后仓促行事，我们就不再是一个财富的创造者，而变成了一个财富的竞争者，我们将堕落，并退回到可悲的过去。

无论何时，一旦发现自己心绪不宁，仓促行事，就要让自己停下来，全神贯注地思考自己的目标，并对已经得到的东西心存感激。请记住，感激之情将永远帮助我们增强信心、坚定决心。

无论我们是否打算寻找新的工作，眼下所做的一切都应该与现有的工作密切相关。我们每天都应该以"特定方式"行事，积极利用目前的工作创造机会，以便有一天能够获得自己喜欢的工作，或者进入自己喜欢的行业。

◎ 分析你的性格，只做适合自己天性的事

现在，我们分析完了自己的优点和缺点，那就请接着思考，我们所努力从事的职业本身是否真的适合我们的天性？很多人之所以像陷入泥潭之中那样徒劳地挣扎、抱怨，根本原因在于做了自己不擅长的事情。而真正的智者，会安静下来，只做最适合自己天性的事，无论成败，他们的内心都是宁静而欢喜的。

第一步，我们要归纳自己的性格，找到自己最适合做的行业。

我们不可能设想让一个性格暴躁的人去搞公关、谈生意或做服务工作；让一个性格怯懦、柔弱的人去搞刑侦破案；让做事大大咧咧、马马虎虎的人去当医生或会计……他与自己的性格不相符的职业，带来的不是收获与快乐，而是痛苦与堕落。

既然许多人都知道这些道理，为什么还会有人入错行呢？原因主要有两个：一是对自己不了解，二是对职业世界不了解。

一个人选择职业，就像恋爱婚姻一样，开始的时候可能会为对方或英俊潇洒或美丽袅娜的外表所迷惑，一见钟情，并很快沉醉于热恋，乃至匆匆结婚。爱情是浪漫的，婚姻却是现实的。进入现实的婚姻以后，如果对方不是出自自己内心的真正选择，那这种婚姻就很难长久地维持下去。

因此，选择职业时最重要的是能否正确地分析自己。你是什么样的性格，你的性格适合从事什么样的职业？下面列举了几种性格，可以一一对号入座，当然，每个人的性格不完全是"纯的"，也可能有两种或三种的混合，请参考这个分类，归纳自己的性格，找到自己最适合做的行业，然后努力成为本行业里的佼佼者。

刚毅型

刚毅性格是刚与毅的结合，具有这种性格的人不仅性格刚强、刚烈，而且还具有坚强持久的意志力。他们的优点是意志坚定、行为果断、勇猛顽强、敢于冒险，善于在逆境中顽强拼搏。阻力越大，个人的力量和智慧就越能发挥得淋漓尽致。他们办事效率高，处理问题果断泼辣。他们有魄力，敢说别人不敢说的话，敢做别人不敢做的事。遇事通常自己做主，不依赖他人，不迷信权威，喜欢独立思考、独立工作。

缺点是易于冒进，权欲重，有野心。这种人常常盛气凌人、争强好胜，喜欢争功而不能忍，为人霸道，与人共事缺乏谦让和商量，喜欢自己说了算。

具有这种性格的人适合在政治、军事等领域发展。他们目标明确，行为方式积极主动、坚决果断，故多适应开拓性或决策性的职业，如政治家、社会活动家、行政管理、群众团体组织者等，不适宜从事机械性的工作和要求细致的工作。

温顺型

温顺型性格的人逆来顺受，随波逐流，缺乏主见，不能果断行事，常常因优柔寡断而痛失良机。但是，这种性格的人又有性情温和柔顺、慈祥善良、亲切和蔼、不摆架子、处事平和稳重的优点，他们能够照顾到各个方面，待人仁厚忠恕，有宽容之德。

更重要的是，这种人有丰富的内心世界和敏锐的观察力，他们在文学艺术的领域常常会如鱼得水。同时他们还擅长技能型、服务型工作，如秘书、护士、办公室职员、翻译人员、会计师、税务、社会工作者，或专家型工作，如咨询人员、幼儿教师等，不适合从事要求能做出迅速、灵活反应的工作。

固执型

固执型的人在思想、道德、饮食、衣着上往往落伍于社会潮流，有保守的倾向。他们比较谨慎，该冒险时不敢冒险，过于固执，死抱住自己认为正确的东西，不肯向对方低头，不善于变通。他们有些惰性，不够灵活，而且不善于转移注意力。

但这种人又有立场坚定、直言敢说、倔强执着的优点。他们行得端、坐得正，为人正统，他们做事踏实、稳重，兴趣持久而专注，他们善于忍耐，沉默寡言，情绪不轻易外露，他们具有较强的自我克制能力。

固执性格的人擅长独立和负有职责的工作，他们长于理性思考，办事踏实稳重，兴趣持久而专注。他们特别适合科研、技术、财务等工作，不适合做需与人打交道、变化多端的工作。

韬略型

韬略性格的人适合去做一些挑战性的工作，却不适合从事细致单调，环境过于安静的职业。这种人机智多谋而又深藏不露，思维缜密。心中城府深如丘壑，善于权变，反应也快，能够自制自律，临危而不惧，临阵而不乱。缺点是诡智多变，因而不容易控制。

有这种性格的人，他们在紧张和危险的情况下能很好地执行任务，他们适宜从事具有关键作用和推动作用的工作。典型的职业有政府官员、企业领导、行政人员、管理人员、新闻工作等。不宜选派这种人掌管财务、后勤供应等事。而且这种人往往表面谦虚，实际上不会吃哑巴亏，诡计多端，会算计。他们有野心，不甘居人后，更不愿寄人篱下。

开朗型

这种人交游广阔，待人热情，生性活泼好动，出手阔绰大方，处世圆滑，能赢得各方朋友的好感和信任。他们善于揣摩人的心思而投其所好，长于与各方面的人打交道，常混迹于各种场合而能左右逢源，善于打通各方面的关节，适合做销售和公关工作。反应灵敏，善于与人交往，人缘好，处理起人际关系来得心应手，不容易得罪别人。

缺点是广交朋友而不加区分，悉数收罗。对朋友常讲义气，而往往原则性不强，很难站在公正的立场上看待事情的是非曲直，不适宜做原则性强的工作。

开朗性格的人比较适宜从事商业贸易、文体、新闻、服务等职业，演艺、新闻、保险、服务以及其他同人群交往多的职业能够充分发挥出他们的性格优势。但不适宜做与物打交道的技术性或操作性工作。

勇敢型

具有这种性格的人敢作敢当，富于冒险精神，意气风发，勇敢果断，有临危不惧的勇气。对自己衷心佩服的人能言听计从，忠心耿耿。适应能力强，在新的环境中能应付自如，反应迅速而灵活。

缺点是对人不对事，服人不服法，全凭性情做事。只要是自己的朋友，于己有恩，不管他犯了什么错误，都盲目地给予帮助。

在警察、企业家、领导者、消防员、军人、保安、检察官、救生员、潜水员等职业领域，有这种性格的人将会如鱼得水。但这种性格却不适宜从事服务、科研、财务等要求细致的工作。

谨慎型

你若是一个谨慎型性格的人，你一定会受到这样一些责备：你疑心太重、顾虑重重；你缺少决断，不敢承担责任；你谨小慎微，一而再、再而三地错失机会；你缺少胆量，不敢开拓创新……不错，谨慎型性格的人的确有上述缺点，但是，千万不要忘记，谨慎性格的人是世界上最精细、最理性的人。他们做起事来一丝不苟、小心谨慎；他们为人谦虚、思维缜密；他们讲究章法、井井有条；他们考虑问题既全面又深入……

他们适合做办公室和后勤等突变性少的工作。喜欢有规则的具体劳动和需要基本操作技能的工作，但缺乏开拓创新能力，不适宜从事要求大刀阔斧的职业。典型的职业有高级管理者、秘书、参谋、会计、银行职员、法官、统计、研究人员、行政和档案管理。

狂放型

这种人行为狂放，桀骜不驯，自负自傲，为人豪放、豪爽，不拘小节，不阿谀奉承，常常凭借本性办事，做事好冲动，好跟着感觉走。因而对很多事情都看不惯，难以在实际工作中取得卓越成就。

他们一般具有想像力强、冲动、情绪化、理想化、有创意、不重实际等性格特征。适合在需要运用感情和想像力的领域里工作，但不擅长于事务性的职业。一个有狂放、冲动性格的人，如果有自知之明，就千万别往仕途上挤，免得身败名裂。

这些人喜欢表现自己的爱好和个性，喜欢根据自己的感情来作出抉择，喜欢通过自己的工作来表达自己的理想。典型职业有创造型工作，如演员、诗人、音乐家、剧作家、画家、导演、摄影师、作曲家，或者是创意型工作，如策划、设计等。最不适合他们的职业则莫过于从政和经商。

沉稳型

这种人内心沉静、沉稳，沉得住气，办事不声不响。工作作风细致入微，认真勤恳，有锲而不舍的钻研精神，因此往往能成为某一个领域的专家和能手。他们感情细腻，做事小心谨慎，善于察觉到别人观察不到的微小细节。他们喜欢探索和分析自己的内心世界，一般来说，性格略为孤僻，容易过分地全神贯注于自己的内心体验。

在别人看来，他可能显得冷漠寡言，不喜欢社交。缺点是行动不够敏捷，凡事三思而后行，容易错过生活中擦肩而过的机会。兴趣不够广泛，除自己感兴趣的事外，不大关心身边的事物。适应能力较差，易然体验深刻，但反应速度慢，相对刻板而不灵活。

这种人喜欢按照一个机械的、别人安排好的计划和进度办事，爱好重复的、有计划的、有标准的工作。适合从事稳定的、不需与人过多交往的技能性或技术性职业。典型的职业有医生、印刷校对、装配工、工程师、播音员、出纳、机械师及教师、研究人员等。不适合做富于变化和挑战性大的工作。

耿直型

这种人胸怀坦荡，性情质朴敦厚，没有心机，有质朴无私的优点。情感反应比较强烈和丰富,行为方式带有浓厚的情绪色彩。他们富有冒险精神,反应灵敏。他们常常被认为是喜欢生活在危险边缘,寻找刺激的人。

缺点是过于坦白真诚,为人处事大大咧咧,心中藏不住事,口没遮拦,有什么说什么,显山露水,城府不深。做事往往毛手毛脚、马马虎虎、风风火火。而因直爽造成的人际关系方面的损失就更不必推算了。同时,因性情耿直、脾气暴躁、不善变通,有时会一味蛮干,不听劝阻,该说的说,不该说的也说,常常会给自己招来麻烦。

具有这种性格的人适合从事具有冒险性、探索性或独立性比较强的职业,比如演员、运动员、航海、航天、科学考察、野外勘测、文学艺术等。但不适宜从事政治、军事等原则性强、保密性强的职业。

第二步,我们不要为自己的性格去烦恼,而是应该努力让我们所从事的职业适应性格。

当你的性格与职业相冲突时,你想改变的是你的职业还是性格?

生活中几乎人人都懂得绝不能削足适履这一道理,然而,为了职业而改变性格的人却比比皆是。

职业这双鞋,难道就真的需要用改变性格的巨大代价来适应? 这是典型的本末倒置。

19世纪末,一个男孩降生于布拉格一个贫穷的犹太人家里。随着男孩一天天长大,人们发现他虽生为男儿身,却没有半点男子汉气概。他的性格十分内向、懦弱,也非常敏感多虑,老是觉得周围的环境都在对他产生压迫和威胁。防范和躲避的心理在他心中可谓根深蒂固、不可救药。

男孩的父亲竭力想把他培养成一个标准的男子汉。希望他具有风风火火、宁折不屈、刚毅勇敢的性格特征。在父亲那粗暴、严厉却又很自负的斯巴达克似的培养下,他的性格不但没有变得刚烈勇敢,反而更加的懦弱自卑,并从根本上丧失了自信心。以至于生活中每一个细节,每一件小事,对他都是一个不大不小的灾难。

他在惶惑痛苦中长大,他整天都在察言观色。常独自躲在角落处悄悄咀嚼受到伤害的痛苦,小心翼翼地猜度着又会有什么样的伤害落到他的身上。

看他那样子，简直就没出息到了极点。这样的孩子，实在太没有出息了。你能够让他去当兵，去冲锋陷阵，去做元帅吗？不可能，部队还没有开拔，他也许就已当逃兵了。让他去从政吧！依靠他的智慧、勇气和决断力，从各种纷杂势力的矛盾冲突中寻找出一种平衡妥当的解决方法，那更是可望而不可即的幻想。他也做不了律师，懦弱内向的他怎么可能在法庭上像斗鸡似地竖起雄冠来呢？做医生则会因太多的犹豫顾虑而不能果断行事，那只会使很多的生命在他的犹豫延宕中遗恨终身。看来，懦弱、内向的性格，确实是一场人生的悲剧，即使想要改变也改变不了。因为他的父亲已做过努力了。

然而，你能想像这个男孩后来的命运吗？这个男孩后来成了世界上最伟大的文学家，他在文学创作的领域里纵横驰骋。在这个他为自己营造的艺术王国中，在这个精神家园里，他的懦弱、悲观、消极等弱点，反倒使他对世界、生活、人生、命运，有了更尖锐、敏感、深刻的认识。他以自己在生活中受到的压抑、苦闷为题材，开创了一个文学史上全新的艺术流派——意识流。他在作品中把荒诞的世界、扭曲的观念、变形的人格，重新给我们解剖了一次，使我们对现代文明这种超级怪物，有了更深刻的认识，对人生和命运有了更沉重的反省。他给我们留下了许多不朽的文学巨著，例如，《变形记》、《城堡》、《审判》……

他就是卡夫卡。

为什么会这样呢？原因很简单，性格内向、懦弱的人，他们的内心世界一定很丰富，他们能敏锐地感受到别人感受不到的东西。他们是外部世界的懦夫，却是精神世界的国王。这种性格的人如果选择了做军人、政客、律师，那么，他就选择了做懦夫；如果他选择了精神的领域，那么，他就选择了做国王。卡夫卡正是选择了后者。

所以，每一种性格，都有它无可比拟的价值。千万不要为自己的性格烦恼。更不要去毁坏。你所要做的就是发现它的价值。

◎ 走自己的路，但也要听别人怎么说

但丁的一句"走自己的路让别人说去吧"，在年轻人中掀起了一股叛逆的狂潮，于是，很多人在做事的时候不顾及别人的感受，只以自己的想法为准。人们很快给这种想法和行为下了一个定义：个人主义。

美国是最讲究个人主义的国家。但是，这种对于自我的追求并没有在这个发达的国家产生多少过激的行为，人们的表现还是相对冷静的。因为，在美国人看来，个人主义的背后还隐藏着一种氛围，那就是：人们虽然可以独立地生活，但是不能只为了自己生活。

人是一种社会性动物，虽然未必是"群居"，但是每个人都不可避免地会发生一些社会关系。我们每个人都不是一个孤立的个体，都与别人有着一定的联系。这就要求我们在做事情的时候要顾及别人的感受，不能一意孤行。特别是当自己的思想还不够成熟的时候，一定要能听得进去别人的意见和劝告，否则，我们就可能会因为盲目相信自己而吃苦头。

可能很多年轻人会觉得，没有人真正了解我，只有我自己最清楚我想要的是什么，没有人能够完全站在我的角度想问题，所以我没有必要让别人的观点来影响我的判断力。特别是一些取得了些许成绩的年轻人，当别人向他提出异议的时候，他往往会说："我就是这样做事情的。"要是有人给他提出了一个比较好的处理事情的方法，他也会一口回绝："这个方法我已经尝试过了。"

这种拒人于千里之外的行为，往往包含了一种自以为是的倾向。这样的思想倾向是非常不利于个人发展的，它常常会带来惰性、自满、不思进取等心理，阻碍我们的进步。如果这样的想法出现在企业里，更是发展的障碍。

美国航天工业巨子休斯公司的副总裁艾登·科林斯曾经评价史蒂夫说："我们就像小杂货店的店主，一年到头拼命干，才攒那么一点财富。而他几乎在一夜之间就赶上了。"

史蒂夫22岁就开始创业，从赤手空拳打天下，到拥有2亿多美元的财富，他仅仅用了4年时间。不能不说史蒂夫是一个有创业天赋的人。然而史蒂夫却因为从来都独来独往，拒绝与人团结合作而吃尽了苦头。

他骄傲、粗暴，瞧不起手下的员工，像一个国王高高在上，他手下的员工都像躲避瘟疫一样躲避他，很多员工都不敢和他同乘一部电梯，因为他们害怕还没有出电梯就已经被史蒂夫炒鱿鱼了。

就连他亲自聘请的高级主管——优秀的经理人，原百事可乐公司饮料部总经理斯·卡利都公然宣称："苹果公司如果有史蒂夫在，我就无法执行任务。"

对于二人势同水火的形式，董事会必须在他们之间决定取舍。当然，他们选择的是善于团结员工和员工拧成绳的斯·卡利，而史蒂夫则被解除了全部的领导权，只保留董事长一职。对于苹果公司而言，史蒂夫确实是一个大功臣，是一个才华横溢的人才，如果他能和手下的员工们团结一心的话，相信苹果公司是战无不胜的，可是他却选择了孤立独行，这样他就成了公司发展的阻力，才华越大，对公司的负面影响就越大。所以，即使是史蒂夫这样出类拔萃的老员工，如果没有团队精神，公司也只好忍痛舍弃。

这个讲究共赢的时代里，"没有完美的个人，只有完美的团队"，这一观点已被越来越多的人所认可。每个人的精力、资源有限，只有在协作的情况下才能达到资源共享。

单打独斗的年代已经一去不复返，只有虚心接受别人的意见并且懂得与别人合作的人才能成就自己，并因此而获得双赢。所以，前进途中，不要只顾走自己的路，我们也要听听别人怎么说。

小心谨慎的人，不愿意开辟自己的道路，他们以为跟在别人的后面才是最安全的，可是安全的背后是没有多大的发展空间的；善于模仿的人，以为演绎别人的特色才是自己最擅长的，可是这个世界不需要两个完全相同的人，所以只模仿而不懂得超越就等于放弃了自身的发展……倘若我们的发展思路被禁锢了，那么从此刻开始，转换我们的思路吧，这样我们才能获得更加广阔的发展空间。

◎ 输在模仿，赢在创造

当你在某个竞争领域成为领军人物的时候，要想以单一的方式保护自己已经拥有的地位是不可能的。因为你的对手时刻都不会放弃对你的学习和模仿。不管是在什么领域里，只要你有最佳方案推出，他们一定会迫不及待地模仿，而且他们完全有能力收到和你相同的效果。

这听起来好像很无奈，好像这个世界找不到出路，前途渺茫，没有办法再实现自己的人生价值。这种悲观情绪一旦形成，就可能给我们增添许多压力，阻碍我们前进的脚步。其实，发生这样的事情，你完全可以换个角度来想，你能够被模仿，是别人在肯定你的价值，没有人会对一个没有价值的方案感兴趣。而一直在被模仿的竞争中，这种环境将不断地激励你，使你奋发图强，勇敢地超越自己、突破自己。面对当前激烈的竞争，我们能够做的，只能是敢想、敢做、敢突破。

路在何方？答案只有一个，那就是创新。虽然影响市场竞争的因素很多，但是只有创新才能在日益激烈的竞争中开辟出属于自己的道路。在企业里，总是有一些人喜欢人云亦云，别人说过的话，他再重复，还是会说得津津有味；别人做过的事情，他也不假思索地模仿，从来不去用心找寻一条属于自己的路。这种人被人们赋予了一个形象的名字——鹦鹉人。

这些企业之中的鹦鹉人，虽然一直热衷于模仿，甚至可能会将别人的最佳方法学得惟妙惟肖，但是在这个讲求个性的时代里，这类人并不受企业的欢迎。

我们并不排斥学习别人，能够学习别人的优点，这是好事。但是要在学习的基础上走出自己的路。任何领域里，模仿得再像，也无法超越真品的价值，赝品虽然也能够让人赏心悦目，但是永远也达不到真品的价值。

韩国现代集团创始之时，其创始人郑周永投资创建了蔚山造船厂，目标是造10万吨级超大油轮。很快，船厂就建起来了。由于当时很多人对韩国人自己能造这么大吨位的油轮持怀疑态度，因此几个月过去了，竟然连一个客户都没有。

这下可急坏了郑周永。因为建造船厂的大量资金用的是银行贷款，一旦长时间接不到订单，不仅银行的巨额资金无法归还，甚至会使自己陷入破产的境地。

该怎么办呢？郑周永苦思冥想。突然，他从自己收藏的一堆发黄的旧钞票中，看到了一张500元纸币，纸币上印有15世纪朝鲜民族英雄李舜臣发明的龟甲船。龟甲船是古代的一种运兵船，当时李舜臣就是用它粉碎了日寇的侵略，捍卫了国家的尊严。

郑周永意识到这是一个绝好的机会，他一面叫人根据这张旧钞的内容制造了大量宣传品，一面拿着这张旧钞四处游说，宣传朝鲜在400多年前就已经具备了造船能力，因此现在完全有能力建造现代化大油轮。

经过反复宣传，郑周永很快拿到了两张各为13万吨级油轮的订单。

郑周永的创新不仅使自己的船厂绝处逢生，走进造船业的前列，而且也为国家争得了荣誉。

一个人若总是热衷于模仿，就会失去自己的风格，这样他永远也无法拥有只属于自己的独一无二的特性。但是创新也不是一件轻而易举的事情。我们每个人可能都有这样的习惯，自己不愿意思考，总是希望别人有现成的东西供我们借鉴和使用。用了别人的方法解决了问题，却不去思考别人的方法是怎样得来的，也不及时地总结学习经验。时间久了，我们就失去了创新的积极性。

虽然走出一条创新的道路有点难，但是它并不是一座不可跨越的山峰。只要你将眼光投放在远处，不要只将注意力放在自家后院，而是注意到别人庭院里的风景，并将他们的别致之处与自己的相结合，你就可以走出属于自己的独特道路。

◎ 一百次努力，不如一次正确的选择

从小到大，我们已经掌握了许多关于勤奋的格言，以至于勤奋几乎成了我们眼中唯一不变的成功法则和真理。但是也许你总会遇到这样的情况：工作经常加班加点，但是没有得到升迁的机会；付出的总比别人多，却没有比看起来更轻松的人富有；累死累活却得不到众人的肯定……这些事实的存在说明你过分迷信勤奋的作用，而忽略了勤奋和努力的一个必要前提，那就是要做出正确的选择。

有一位美国青年无意间发现了一份能将清水变成汽油的广告。

这位美国青年喜欢搞研究，满脑子都是稀奇古怪的想法，他渴望有一天成为举世瞩目的发明家，让全世界的人都享用他的发明成果。

所以，当他看到水变汽油的广告后，马上买来了资料，把自己关在屋子里，不接待任何客人，一切与外界的联系都被他切断了。他需要绝对的安静，需要绝对的专心，直到这项伟大的发明成功。

青年夜以继日地研究，达到了废寝忘食的程度。每次吃饭的时候，都是母亲从门缝里把饭塞进来，他不准母亲进来打扰他。他常常是两顿饭合成一顿吃，很多时候把黑夜当做黎明。善良的母亲看见儿子越来越瘦，终于忍不住了，趁儿子上厕所的时候，溜进他的卧室，看了他的研究资料。母亲还以为儿子的研究有多伟大，原来是研究水如何变成汽油，这根本是不可能的事情。

母亲不想眼睁睁地看着儿子陷入荒唐的泥淖无法自拔，于是劝儿子说："你要做的事情根本不符合自然规律，别再瞎忙了。"可这位青年压根儿就不听，他头一昂，回答说："只要坚持下去，我相信总会成功的。"

5年过去了，10年过去了，20年过去了……转眼间，那位青年已白发苍苍，父母死了，没有工作，他只能靠政府的救济勉强度日。可是他的内心却非常充实，屡败屡战，屡战屡败。一天，多年不见的好友来看他，无意间看到

了他的研究计划，惊愕地说："原来是你！几十年前，我因为无聊贴了一份水变汽油的假广告。后来，有一个人向我邮购所谓的资料，原来那个人就是你！"

他听完这一番话，当时呆住了。

我们一直以为坚持就是好的，而放弃就是消极的思想。其实坚持代表一种顽强的毅力，它就像不断给汽车提供前进动力的发动机。但是，前进需要正确的方向，如果方向不对，只会离目标越来越远，这时，只有先放弃，等找准方向再重新努力才是明智之举。这就是水变汽油的悲剧带给我们的启示。

每个人都希望自己能够成功，特别是有了一些成就和地位的人，对于成功的渴望更加迫切。可是，正是因为非常渴望成功，人们往往只注意脚下的路，而忘记停下来分辨方向。所以在生活中，有很多人明明离成功已经很近了，但是他一直在做反方向的努力，所以注定了他离当初的目的地越来越远。

"南辕北辙"的故事影响了一代又一代的人，人生的悲剧不是无法实现自己的目标，而是不知道自己的目标是什么。成功不在于你身在何处，而在于你朝着哪个方向走，能否坚持下去。没有正确的目标，就永远无法到达成功的彼岸。

寻找人生的方向。

在工作中，不少忙碌的人就像走入了雾气弥漫的森林，拼命地想缩短与林外目的地的距离，却因失去了方向感而越走越远，越来越往森林的最深处摸进。

高尔夫球教练总是教导学员说，方向比距离更重要。因为打高尔夫球需要头脑和全身器官的整体协调，所以每次击球之前，选手都需要观察和思考，需要靠手、臂、腰、腿、脚、眼睛等各部位的有效配合进行击球。而击球的关键则在于两个"D"，即方向(Direction)和距离(Distance)。初学者中有不少人只想着把球打远，而忽视方向的重要性，其实，方向要比打远更重要！

人生就像打高尔夫球，如果方向对了，即使走得慢也能一步一步接近成功，可是如果方向错了，不仅白忙一场，还可能离成功越来越远。既然方向对于我们如此重要,那么如何寻找人生的方向就成了我们必须面对的难题。

怎样才能找到适合自己的人生方向呢?

1.让心灵指引方向。

在你做事情的时候,身边可能有很多人给你提出意见。这些意见是多种多样的,让你一时之间迷失了方向。其实,每一个给你提出意见的人,都是带有一定的自我心理倾向的, 他会在不自觉中想要将他的想法强加给你,或者对你有一定的精神依托。

这个世界上,不会有比你更了解自己的人,所以在寻找人生方向的时候,一定要首先考虑自己喜欢的是什么。只有喜欢,才能有激情,才能在追求理想的过程中感受到幸福和快乐, 而不是一想到自己将做什么事情,心里就非常抵触,感觉头痛。

钢琴家郎朗,刚开始弹琴时,家里人并不支持,甚至还有些反对,但是他一直在坚持自己的观点,要弹琴,一定要在音乐的领域里实现自己的人生价值。经过多方努力,家人终于不再阻止他,他也成功地走上了世界的大舞台。

选择方向,总会有许多的岔路口,但是不管处境有多么困难,我们都要注意倾听自己内心的声音,让心灵为自己的人生导航。

2.策划人生方向要具体。

很多人在规划人生的时候,容易犯"空"、"大"的毛病。可能我们在想:我想买一座大房子,我想买车,我想开一家自己的公司……但是我们很少想为了实现这样的人生目标,具体应该怎么做。

人生策划必须是明确的、清晰的、具体的,还要具有一定的可行性。如果你单单说,我想出人头地,那么是在哪一方面出人头地?怎样的程度才算是你心中出人头地的标准? 这些我们必须要想清楚。

3.人生定位要适当。

人人都有欲望,都想过美满幸福的生活,都希望丰衣足食,这是人之常情。但是,如果把这种欲望变成不正当的欲求,变成无止境的贪婪,那我们就在无形中成了欲望的奴隶了。

在欲望的支配下，我们不得不为了权力、为了地位、为了金钱而削尖了脑袋向里钻。我们常常感到自己非常累，但是仍觉得不满足，因为在我们看来，很多人的生活比自己更富足，很多人的权力比自己大。所以，我们别无出路，只能硬着头皮继续往前冲，在无奈中透支着体力、精力与生命。

所以，我们在进行人生定位时，一定要量力而为，找到最适合自己的，而不是任由欲望支配，始终活在无法实现理想的痛苦里。

"股神"巴菲特说过："在你能力所及的范围内投资，关键不是范围的大小，而是正确认识自己。"所以，想要找准人生方向，就必须先了解自己。

4.反方向游的鱼也能成功。

人一旦形成了某种认知，就会习惯性地顺着这种定式思维去思考问题，习惯性地按老办法来处理问题，不愿也不会转个方向解决问题，这是很多人都有的一种愚顽的"难治之症"。这种人的共同特点是习惯于守旧、迷信盲从，所思所行都是唯上、唯书、唯经验，不敢越雷池一步。而要使问题真正得以解决，就要改变这种认知，将大脑"反转"过来。

当今社会，大多数企业都喊出了"换个方向就是第一"、"做一条反方向游的鱼"等口号，因为人们已经发现，随着社会竞争越来越激烈，单靠传统的思想与做法是不可能有多少成功的胜算的。所以，掉转方向，开辟一条全新的道路，不失为一种求发展的良策。

1820年，丹麦哥本哈根大学物理教授奥斯特，通过多次实验证实存在电流的磁效应。这一发现传到欧洲后，吸引了许多人参加电磁学的研究。英国物理学家法拉第怀着极大的兴趣重复了奥斯特的实验。果然，只要导线通上电流，导线附近的磁针立即会发生偏转，他深深地被这种奇异现象所吸引。当时，德国古典哲学中的辩证思想已传入英国，法拉第受其影响，认为电和磁之间必然存在联系，并且能相互转化。他想既然电能产生磁场，那么磁场也能产生电。

为了使这种设想能够实现，他从1821年开始做磁产生电的实验。几次实验都失败了，但他坚信，从反向思考问题的方法是正确的，并继续坚持这一思维方式。

10年后，法拉第设计了一种新的实验，他把一块条形磁铁插入一个缠着导线的空心圆筒里，结果导线两端连接的电流计上的指针发生了微弱的转动，电流产生了！随后，他又完成了各种各样的实验，如两个线圈相对运动，磁场作用力的变化同样也能产生电流。

法拉第10年不懈的努力并没有白费，1831年他提出了著名的电磁感应定律，并根据这一定律发明了世界上第一台发电装置。

如今，他的定律正深刻地改变着我们的生活。

法拉第成功地发现了电磁感应定律，是对人们通过反方向思考取得成功的一次有力证明。

通常情况下，传统观念和思维习惯常常阻碍着人们创造性思维活动的展开，而反向思维就是要打破固有模式，从现有的思路返回，从与它相反的方向寻找解决难题的办法。常见的方法是就事物的结果倒过来思考，就事物的某个条件倒过来思考，就事物所处的位置倒过来思考，就事物起作用的过程或方式倒过来思考。生活实践也证明，逆向思维是一种重要的思考能力，它对人们的创造能力及解决问题能力的培养具有重要的意义。

80后新贵茅侃侃，虽然只有初中学历，但他是Majoy总裁，他能够获得成功让很多人都觉得非常惊奇。但是正如他所说："人和人的路不同，虽然可能少了几年轻松的时光和一段经历，但早吃亏四五年也可能早成功四五年。"茅侃侃同样没有走传统的道路，在人们都前进的时候，他退了一步，但是他一样取得了成功。

在生活中，我们总是习惯跟在别人的身后跑，不管前方的道路是否适合我们发展，我们都喜欢一味地向前冲。这种思想无疑是受到了传统的从众思想与保守思想的影响。我们总是习惯于向前，可是人生的方向并不是单一的，也不是只有前方才能找到人生的突破口。在面对困难的时候，如果一直坚持向前，却找不到更好的出路，不妨换个方向，向后看看。

不要以为机会总在前方等着我们，有时候，恰恰是我们最固执的时候，它跑到了我们的身后，轻轻地拍了拍我们的肩膀。

延 伸 阅 读：

解剖自己，认识你的性格弱点

在接受改变自己的开始，你先要做的是解剖自己、了解自己。

现在思考这样的问题：

你觉得自己生命中最重要的东西是什么？

你最希望一生取得的成就是什么？

你希望别人对你一生的评价是什么？

在生命的最后一天，你最想做的事是什么？

你应该明确你的人生理念，你需要知道什么是对你自己最重要的事情。我相信，你不想成为窝囊废和垃圾，你希望重新组建你的生命。可是，现状对你来说太困难了，你感到很难去改变。

你的弱点就像铁链，而你就好似被锁住的老虎，虽然你想成为森林之王，但还是被弱点的锁链牢牢拴住。你被自己的弱点击败了，如果你不改变，早晚会被自己的性格弱点溺死。

看看下面的选项你有几个？

自卑

（　　）跟朋友出去郊游，由于朋友走快了点，你就以为他们在孤立你、看不起你。

（　　）朋友开玩笑地提起一件你比较尴尬的事情的时候，你不会跟他说："嘿，你这家伙，真不给面子啊！"而是自以为巧妙地转移话题。

（　　）挑选自己的衣服时你总是询问别人的意见。

（　　）跟一群人在一起走的时候，你会离那些不如你的人比较近。

（　　）你有时候会向别人询问些你已经确定了的事情。

拖延

（　　）星期一的早晨，你又为起床感到费劲，你觉得这对你太难了。

（　　）你明知道你染上了一些恶习例如抽烟，喝酒，而又不愿改掉，你常常跟自己说："我要是愿意的话，肯定可以戒掉。"

（　　　）总是制订健身计划，可你从不付诸行动，"我该跑步了……从下周开始吧！"

（　　　）你想做点体力活，如打扫房间，修剪草坪等等，可是你却迟迟没有行动，你总有各种各样的原因不去做，诸如工作繁忙，身体很累等等。

（　　　）你的洗衣机里已经塞不下你的脏衣服了。

没有目标

（　　　）你有拿着笔发呆的习惯。

（　　　）你整天泡在网上，却不清楚自己到底对网络上的什么东西感兴趣。

（　　　）每个周一，你从来都不会花10分钟去考虑下这周要做什么？而是有什么事做什么事。

（　　　）给你一个10天的长假，你会稀里糊涂地度过。

（　　　）你有报告要写，有客户要见，还有个饭局要去。这些事都很急，但你却花了半小时来决定先做什么。

抱怨不停

（　　　）今天你的上司找你谈了话，你回到办公室非常不开心，于是拉了个同事开始抱怨领导对你有多么不好。

（　　　）回到家，你总是喜欢把今天碰到的烦心事告诉你的每位亲人，而且是不停地说。

（　　　）上班第一天，你就洞察办公室里人心叵测，各怀鬼胎，存心给你下马威。

（　　　）你觉得你的朋友吃的像货车一样多，却丝毫不发胖，而你呢？只要看一眼巧克力就会变胖。

（　　　）回到家你就开始跟家人说"无能"的同事加薪了，而你只能等下次了。

（　　　）你最近在看一本畅销书，但你觉得很一般，封面也难看，价格还贵，买了真是上当。

冷漠

（　　　）你从来没有给老人或者其他需要座位的人让座。

（　　）当你看到身边有不愉快的事情发生，例如打架，抢劫，你视而不见。

（　　）你从不关心任何与你无关的事，当别人谈论时事的时候，你便离开。

（　　）周末，你总是喜欢让自己独自在家，虽然孤独寂寞，也免得麻烦。

（　　）上午上班的时候，你连续沉默了1个小时，不说一句话。

虚荣

（　　）你喜欢谈论有名气的亲戚朋友或以与名人交往为荣。

（　　）热衷于时髦服装，对于西方的流行货万分倾倒，对于名牌津津乐道。

（　　）你喜欢和别人谈论电影，名著和艺术，但其实自己知道的也不多，但你就为了得到别人的赞许。

（　　）你希望表现自己，尤其想在大庭广众面前露一手，因为这会引起大家对你的重视。

（　　）经常停留在商店橱窗前，悄悄欣赏自己的身影，欣赏自己的照片已成为生活的一部分？

自我设限

（　　）今天老板让你做某些事，而你感到自己太年轻或太老，于是你感到力不从心。

（　　）你经常为自己的相貌感到苦恼，最后你得出这样的结论：我就是长得不漂亮。

（　　）你现在很痛苦，因为你在事业上多次失败，你觉得你肯定不能成功，时常对自己说："我命中注定就是这样倒霉。"

（　　）昨天，和朋友逛商场之前，你跟他说："我觉得那个商场肯定不能买到好衣服，一向如此。"

（　　）最近你想追求一个女孩，但是你觉得自己的相貌配不上她。

自私

（　　）跟同事一起吃饭的时候，你总是假装没带够钱。

（　　）这一星期你又为车位跟别人争执，甚至还出言不逊。

（　　）朋友来你家玩,你害怕他们看到你珍藏多年的红酒或是雪茄。

（　　）跟别人谈话,你有时会打断别人的话,自己侃侃而谈。

（　　）你反感你的一个朋友或同事,因为他总是想和你借东西。

不守承诺

（　　）你答应帮朋友一个忙,却给自己找种种借口不去兑现。

（　　）你的时间观念太差,约了8点,往往8:15才到。

（　　）你告诉你的属下,如果他们工作出色就加薪,但是你总能找到不加薪的理由。

（　　）你答应请朋友去吃饭,却因为别的事或懒惰一拖再拖。而且最可恶的是,你并没有为此作出解释和弥补。

苛求完美

（　　）你为一个项目做了多个计划,但是你却很难决定用哪个计划。

（　　）你认为没有十足的把握通过一个并不重要的考试,就请了病假。

（　　）你一直在寻找你心中理想的配偶,但是,至今你仍然是单身一人。

（　　）你因为鼻子上有一个不用放大镜就看不到的斑点而不敢照镜子,甚至要去整容。

这些性格弱点,是令人讨厌的魔鬼,想要抛弃它们也并不困难,现在,让我们马上行动! 按照下面的顺序,认真完成其中的每一项。

行动1:现在,花点时间在你头脑中搜寻最有趣的回忆,把平时最吸引你的活动记录下来,当你的伤心事浮上大脑的时候,立即转移到让你高兴的事情上,也就是下面记录的让你高兴的事情上面。

我最甜美的回忆:

我最喜欢做的事情:

行动2:你对自己最不满意的地方是什么? 你觉得自己自卑的源头是什么?

思考5分钟,然后记下来:

从现在开始下定决心改变现状,记住:自源头改变!

每天跟自己大声说:

谁都无法阻挡我走向成功!

行动3：现在我要你走到大街上，对身边的每个陌生人微笑，找到两个陌生人进行5分钟以上的交谈。怎么样，这个行动对你来说是不是非常有挑战性？

别害怕，开始你也许会觉得这令你难堪，相信经历几次，你就会掌握与陌生人交谈的技巧和心态。

行动3很有难度，如果你能成功，我敢说你已经离自卑越来越远。你也要相信这一切，相信自卑其实是那么地不堪一击。

然后，再按以下5个步骤来，从观念上改变自己。

第一步，经常跟自己说"我真棒"！

自卑，就是因为自己不能正确认识自己，看不起自己，不相信自己的力量，总有一种无力感，做什么事情总是自暴自弃，什么都要依赖别人，结果是什么事情都做不好，都做不成。我说的一点都不过分，那些终日靠抽烟、酗酒、娱乐而打发自己时光的人，其中有很多都是由于不相信自己能做成大事，对自己已经失去了信心，导致他们这样白白浪费自己的生命。

听过这样一个真实的故事：一个冷酷无情且嗜酒如命的人，在一次酗酒过量之后把酒吧里自己看着不顺眼的服务员给杀了，结果被判终身监禁。他有两个相差一岁的儿子，其中一个因为时常背负着有这样一个老爸的强烈自卑感，而最终也染上了吸毒和酗酒的恶习，结果他也因为杀人而步入监狱。另一个孩子，他现在已经是一个跨国企业的CEO，并且组建了美满的家庭。说起来可能有些人不相信，造成这种差距的原因仅仅只是因为他不把自己有个杀人的父亲当作自卑的负担放在身上，他在做任何事情前都不断告诉自己"我有个杀人父亲的事实虽然不能改变，但是我可以改变自己，我依然是最出色的！"

所以，你要经常跟自己说"我一定能行"。做事情的时候，你必须总是想着"一定"这个词语，因为本来你就是出色的，并且你会付之于实际行动。这样做，开始时可能会感到不习惯，时间长了，经过几件成功的事之后，你慢慢就会发现"天生我才必有用"，原来自己一直就是最棒的，一直都是最出色的。

第二步，学会从"小目标"做起。

在你多次碰壁、屡遭挫折之后，你可能觉得自己是个无能的人，因此你感到自卑，做任何事情都会怀疑自己。恕我直言，不要太好高骛远，要确立合适的目标，从小事上做起，一步一步地去干那些自己能干的事，即采用"小步子"的方式来调适自己的心理。

我认识一位长跑高手，他在很多比赛中都获得过胜利，于是我就请教他是如何保持充沛体力到达终点的。他笑了笑，告诉我其实他的做法很简单，就是把通向终点的道路分成很多个小段，开始跑的时候他先向最近的一小段终点前进，当到达时他便鼓励一下自己，这样更有信心跑向下一小段的终点。这样做的好处是他能很容易达到一个个小的终点，持久保持信心，最终到达整个长跑比赛的终点。

你不能没有"大目标"，你必须有长远的打算，但是，当这些长远的目标制订出来以后，更重要的是多设一些中间目标，一步一步完成，经常用能完成的"中间成就值"来鼓励自己。你得学会在你的强项中获得成功，而成功的经验和积累可以不断地消除你的自卑感，增强你的信心。总之，通过不断的成功会改变"瞧不起自己"的自卑心态，最终你会发现自己找回了久违的自信。

第三步，不要有太强的虚荣心。

你不要有永远无法满足的虚荣心。自卑与自傲看起来距离很大，实际上却是孪生姐妹。一般来说，自卑心理强的人往往有过高的自尊心，他们心理包袱很大，不能轻装前进。在另外一些时候，虚荣心督促你努力奋斗，可是一旦失败，你会比平常还要失望，你的内心所受打击也较之平常要大很多。

你必须明白，这个心理包袱是你自己背上的，是你"自寻烦恼"的结果。正因为如此，我要你丢掉你那颗虚荣的心，把戴在你脸上的面具彻底揭掉。

第四步，忘掉过去所发生的一切。

你要努力从过去的心理创伤中摆脱出来，不要总是责备自己。让我感到难过的是，很多像你一样自卑的人往往是因为沉浸在过去不能自拔，做事之前总会联想到与这件事相似的经历，如果这个经历是痛苦的，你做事的信心会受到严重打击。比如说你想追求一个漂亮女孩，可是过去的失败经验告诉你这对你来说太难了，于是当你面对那位姑娘的时候，你肯定会怀疑自己的能力，你会感到自卑。所以，争取迅速忘掉过去发生的那些负面的东西，对你来说是非常重要的一件事。

当你想到过去不愉快的事情时，要迅速转移"目标"，要经常用愉快的事情来调节自己。学会改变自己内心的忧愁，这等于铲除自卑产生的土壤。如果你想起了过去不开心的事，那么赶快找点"乐子"吧，看个喜剧电影或是找朋友打打球，让不开心的事从你身边滚开，这种方法对于时常自卑的人来说非常有效。

第五步，扔掉身心缺陷的包袱。

你绝对不能用"有色眼镜"看待自己，更不能用"有色眼镜"看待他人。也许你会说："我的命运这么凄惨，又能有什么办法呢？"我们可以看看艾德·罗伯茨的例子。他14岁时感染小儿麻痹症，颈部以下瘫痪，坐在轮椅上，他只能依靠一个呼吸设备维持自己的生命，按照所谓正常的逻辑，艾德肯定会在自卑的痛苦中生活一辈子。

可是，你知道他是怎么做的么？在他20岁的时候，他终于认识到自怨自艾于事无补，他开始不间断地教育和影响大众，15年坚持不懈，社会终于注意到了残疾人的权利。如今很多公共设施都设有轮椅走的上下斜道和残疾人专用停车位，商场、超市也设立许多残疾人行动的扶手，这都是艾德的功劳。

你必须知道，社会中绝大部分人都是怀有同情、关心、爱护之心的。我坚信，当你用顽强的毅力获得成果时，社会对你将会更加地尊敬，不必要为一些身体的缺陷而背上瞧不起自己的包袱。

第七章 ■

用正向思考者的特质演绎自己的人生

所谓正向思考，就是在人们遇到困难或挫折时，大脑中所产生的一种将事件和感觉向积极方向牵引的思考，这种思考可以为我们带来强大的积极力量，帮助我们保持心态的平和与积极，使我们的心灵变得坚韧，充满弹性，能够接受一切困境，并企图找到方法改变现状。可以说，正向思考驾驭了我们的成功、快乐和幸福。

◎ 删除自己的"负面脚本"

1951年，为了研究DNA的具体结构，英国女科学家罗莎琳德·富兰克林一直在努力完善X射线图像。1952年5月，她终于得到了最为重要的一个X射线衍射图片，她发现DNA呈现出了两种结构，一种是双螺旋结构，一种是三条链结构。但是得到这个结果之后，富兰克林就再也没有获取数据来证明DNA的具体结构，也没有做出有关于此的任何假说，于是富兰克林暂时搁置了自己的DNA研究。

后来，沃森见到了富兰克林拍摄的DNA照片副本。一看到照片，沃森激动不已，通过照片，他一下子恍然大悟，他想到，只有螺旋结构，才会呈现出那种醒目的交叉型的黑色反射线条。于是，沃森立刻写下结论，认定DNA是双螺旋结构。接着，他与克里克共同提出了DNA的双螺旋假说。1962年，沃森与克里克因为DNA结构的提出，获得了诺贝尔医学奖。

负向思考的阻挠力就是这样巨大。富兰克林能够最终获得重要的X射线衍射图片，源于她长久的正向思考的支持，但是一个负向思考就让她的研究彻底中断，自行埋没了自己的伟大发现。相比于富兰克林，沃森和克里克无疑是幸运的，因为他们的发现是如此简单而轻易，而这正是正向思考带给他们的结果。如果富兰克林能够多一份坚持，多做一些积极的尝试，也许获奖的就会是她。

"人无完人，金无足赤"。任何人都有缺点，任何人也都有可能存在负面脚本，自我完善的过程就是一个不断清除负面脚本的过程，负面脚本清除得越多，我们的人生也就更加完美。

我们每一个人的身上都会存在负面思维，这也是为什么我们总是无法达到完美自我的原因。

举个最简单的例子，如果在一早上班时没有准时赶上公交车，也许就会有不少人抱怨：今天怎么这么倒霉？为什么我这么晚才到，为什么公交车不能晚走一会儿？负向思考时常就会这样跳出来为我们制造麻烦，如果这种负面思考经常出现，就会使我们渐渐形成一种负面的思维。

负面思维给人们带来的危害是巨大的，它的具体表现主要是：

第一，信念变薄弱。负面思维使人们意志力薄弱，抱着得过且过的生活态度，不求上进，容易被挫折和磨难压倒，或在顺风顺水时迷失自己。

第二，目标变模糊。负面思维使人们变得目光短浅，做事没有计划，走一步算一步，常常摸着石头过河。

第三，境界降低。负面思维使人们只想到索取，不愿为别人付出，以自我为中心，把自己放在第一位，只想改变别人，不想改变自己，容易仇恨、敌视别人。

第四，决断力低。负面思维使人决定能力降低，变得优柔寡断，不敢迈出决定性的一步。容易犹犹豫豫,担心,恐惧,徘徊不前,不敢下决心,总是处于等待状态。

第五,生活失去热情。负面思维使人们变得冷漠,清高,不愿与人合作,害怕别人比自己强。

第六,解决问题态度消极。遇到问题时常抱怨、指责、批评、推卸责任。出现不良生活习惯。做事不讲效率,举止懒散,不修边幅,经常评说是非。

第七,思想保守。循规蹈矩,故步自封,不敢越雷池半步。

第八,行为消极。怕苦怕累,主观上无法接受挫折和失败,遇到困难就后退,认为任何事都很难成功。

如果这种负面思维占了上风,人们就很容易在遭遇挫折或是不愉快的事物时感到无助和失望,开始消极怠工,抱怨自己所处的环境,责怪他人,认为自己没有扭转局面的能力,从而使自己深陷于消极的生活状态,甚至无法自拔。

那么,我们应该如何分清正向思考与负向思考呢?

正向思考也称正面思考或是积极思考,是指以积极、正向的心态看待所处的种种状况。反之,负向思考是指以消极、负向的心态看待所处的种种情况。说到正向思考,人们通常会将其与一切具有积极意义的词语联系在一起,而将负向思考同一切消极意义的词语相等同。其中最容易被人们混淆的就是:悲观与乐观。

乐观就是正向思考,悲观就是负向思考,很多人都会很自然地将它们如此归类。粗略看来,这样的划分好像并没有什么问题,但是实际上,这却是一种错误的划分。乐观的生活态度固然是一种正向思考的结果,但是乐观也有可能造成负面结果,那就是乐观过度,正所谓乐极生悲,过犹不及。同样,悲观也是如此。可见过度乐观和过于悲观都会导致问题严重化,都是一种负向思考。

正向思考与负向思考的区别是结果的正确与错误。只要一种思考可以使结果朝向好的方向发展,那么就是正向思考。悲观者也可以是正向思考者,他们也可能取得成功、抗击挫折,只要他们拥有解决问题的决心和方法,就一样可以使结果朝好的方向发展。有些悲观者往往还拥有更强的忧患意识,这一点在顺境中更容易体现,他们会想到最坏的情况,但是却会向最好处努力,从而始终保持良好的状态,因此这样的悲观者拥有的也同样是正向思维。

但是不可否认的是,一个性格乐观的人容易做出正面思考,而一个性格悲观的人则容易做出负向思考。

《哈佛商业评论》上曾指出:"越来越多的实证显示,不论是儿童、集中营的幸存者,或是东山再起的经营者,正面思考的复原力是可以学习的。"任何一个人都具备正向思考的能力,即便是一个思维负面化的人,经过训练也能学会正向思考。这种训练的本质其实就是在思考路径中加入两个重要的步骤,即反驳和激励。经由这样的刺激和反抗,负面思想才会逐渐向正面转化。

反驳是指对负面脚本、负面决策进行反驳,而激励是指强化反驳的能量,加深反驳的方向。如果你发现自己的思想中出现了负面的东西,就可以借由这两个步骤来改变自己的思路方向,经过练习使负面抱怨转化为正面感激,提高正向能量。

在日常生活中我们可以通过以下几个步骤来踢出自己的"负面脚本"。

◎实时反驳自己的负向思考

以赶公交车迟到为例,如果你的大脑正在作负向思考,就会发出一系列负面信号,这时你就要对这些负面信号进行反驳,提醒自己必须积极起来,然后去想还有其他的解决办法,如是否可以改坐出租车等。

◎实时激励自己

当你通过反驳截止了负面思考的蔓延,你还要为这种反驳提供持续的力量,这就是激励,激励自己朝着积极的方向思考,你的正向思路就会更坚实。

◎意识到不良意志和品质的危害

懒惰、拖延、盲从、怯懦、冲动和优柔寡断等都是失败的祸根,也是形成负面脚本的根源,我们必须认识到这些因素的害处,并及时改正它们。

◎反复练习

从战胜一次负向思考开始,用结果验证思想,进行反复练习,只要有负面思考出现,无论大事小事,都要认真对待。通过不断地练习,使自己形成正向思维。

◎坦然接受不能改变的

现实中缺陷总会存在,一帆风顺和完美无缺的人生几乎不存在,坦然接受生活中的缺陷,不要躲避、不要侥幸逃离。

◎勇敢迎接挫折

直面挫折或是失败,从中发现自己的不足和缺点,并抱着积极的心态寻找解决的办法。

◎相信自己的价值

不过分苛求自己,不在无意义的事物上过于花费时间,找到自己的方向,并坚持不懈地走下去。

◎提高解决问题的能力

任何事情都有解决的方法,努力通过运用逆向思维、发散思维等提高自己解决问题的能力。

◎ 正向思考者所具备的特质

对我们来说,正向思考是一种强大的力量。它不仅能够让我们的心智变得坚定、积极,而且直接作用于我们的身体,使我们获得心灵、身体的双重支持。

经科学家研究证明,正向思考的神经系统所分泌的神经传导物质具有促进细胞生长发育的作用。因为人体的神经系统与免疫系统相互关联,所以在人们展开正向思考时,身体的免疫细胞也会同样变得活跃起来,并继续分化出更多的免疫细胞,使人体的免疫力增强。所以一个积极面对生活、对身边一切经常采取正面思考的人，更不容易生病，也更容易获得长寿、健康的人生。

另外研究学者寇菲也指出：人们在挫折面前，有超过9成的人会有退缩、攻击、固执、压抑等反应，而善于运用正向思考的人会有这些反应的比率则低于一成。

美国心理学家马丁·塞利格曼也曾对修女做过一项关于快乐和长寿的研究。被纳入研究范围的180位修女几乎都过着有规律的与世隔绝的生活，不喝酒也不抽烟，几乎吃着同样的食物，都有相似的婚姻和生育历史，都没有被传染过性病，社会地位以及享受到的医疗照顾也基本相同，但是这些修女的寿命和健康状况差别仍然很大。其中有人年纪接近百岁仍然身体健康，而有人则在年过半百时就患病而终。

后来塞利格曼专家发现，那些寿命较长的修女总是拥有着快乐、积极的生活态度。一位98岁的修女曾在她的自传中写道："上帝赐给我无价的美德使我起步容易。过去一年在圣母修道院的日子非常愉快，我很开心地期待正式成为修道院的一员，开始与慈爱天主结合的新生活。"

这位修女的健康与长寿很大程度上得益于她乐观的心态。

可见，正向思考带给我们的力量是由心至身的，也是巨大的、不可替代的。它带给我们无限向上的力量，让我们即使面对逆境也能保持乐观、积极的心态，不会因为遭遇困难而怨天尤人、一蹶不振，更不会郁闷成疾，它是可以经由我们自行制造的健康保护伞和心理调节器。

一个女孩因为不甚丢失了一条非常心爱的项链，所以心情一直很低落，长达两个星期茶不思、饭不想，还因此生了一场大病，很久都没有痊愈。后来一个神父前去看望她，并问她道："假如哪天你不小心丢失了10万元钱，你会不会吸取教训防止再丢失另外20万元？"

女孩毫不犹豫地回答："当然会。"

神父接着又问道："但是你为什么要在丢掉一条项链之后，还要丢掉两个星期的快乐，甚至还因此大病了一场，丢掉了自己的健康呢？"

听了神父的话，女孩恍然大悟，一下子跳下床，说："是啊，我为什么还要主动丢掉那么多属于自己的东西呢？从现在开始我拒绝再损失下去，现在我要想办法怎么才能再赚回一条项链。"

一帆风顺的人生少之又少，我们时常会面对人生的起伏跌宕，挫折、烦恼、伤害、磨难也许会毫无预兆地闯进我们的生活，使人生变得不再美好、顺畅，甚至一度变得灰暗、毫无生气。但是只要我们积极调动自己的思想，发挥正向思考的作用，就能驱走一切阴霾，拥有快乐、美好的人生。

女孩因为一条项链丢掉了快乐、丢失了健康，是因为她埋没了正向思考的力量。消极的思考只会加速美好事物的损失，而唯有正向的、积极的思考才具有吸引美好事物的独特力量。也许人生中的困难带给你的并不仅仅是丢掉一条项链那样简单的悲伤，有时甚至会压得你喘不过气，但是请记住，不论你失去了什么，你都不会失去可以正向思考的思维。只要你积极调动它，它就能驱赶一切负面因素，帮助你抵达快乐、成功的彼岸。

一天，美国前总统罗斯福的家中失窃，损失了很多钱财。一位朋友得到消息后立刻给罗斯福写了一封信，希望可以安慰他一下。不久，这位朋友就收到了罗斯福的回信，信中写道：

"亲爱的朋友，非常感谢你来信安慰我，我现在很平安，请你放心，而且我还要感谢上帝。首先，小偷偷去的是我的东西，但是没有伤害到我的生命；其次，小偷只偷去了我家的一部分东西，而不是所有；再次，最让我值得高兴的是，做小偷的是他，而不是我。"

这是一个广为流传的故事，罗斯福所列举出的3条感谢上帝的理由，充分显示了他作为正向思考者的特质。这种特质也成为他深受美国民众和世界人民尊敬的原因之一。或许谁都不曾想到，这样一位曾在美国政坛连任4届总统，并对联合国的建立做出过突出贡献的政界"奇才"，竟然会是一个从小患有小儿麻痹症的人。罗斯福的一生都闪耀着夺目的光彩，这得益于他的聪慧与勤奋，更得益于他所具备的正向思考特质，正是这种正向思考特质使他充分发挥出了生命的力量，成为美国历史上最伟大的总统之一。

可以说，善于正向思考的人更容易获得成功的垂青，因为这些正向思考者身上有着一种独一无二的特质，能够吸引美好事物的到来。因此，我们了解并认识正向思考者所具备的特质，并将其与自身相结合，也是一个剖析自我、认识自我，并间接完善自我的过程。

善于正向思考的人都有着几乎相同的人格特质，对于人生的态度也惊人地相似，这让他们拥有了把握精彩人生的巨大力量，使他们时刻心怀感恩、积极向上，为自己的生命而歌。正如霍金所说："我的大脑还能思维，我有终生追求的理想，有我爱和爱我的亲人和朋友，对了，我还有一颗感恩的心……"这无疑成为那些正向思考者始终都在心中哼唱着的歌谣。

归纳来看，正向思考者所具备的特质主要体现在以下3个方面：

(1)能够坦然面对现实。

现实也许并不总是像我们想象得那样美好，难免会上演悲伤与落寞。逃避现实只能让它们越来越近，而唯有面对，才能让我们获得与之抗争的勇气与力量。

(2)拥有深信"生命有其意义"的价值观。

任何一个生命个体都有其独特的意义，完全地发挥生命的内在力量，并将这些力量服务于社会，贡献于世界，则每个生命都可以闪现出耀眼的光芒，获得世界的认可。

(3)实时解决问题的惊人能力。

行动是一切事物得以实现的重要因素，如果只说不做，再多的思考也是徒劳。具备解决问题的惊人能力，才能获得推动事物发展的实力。

正向思考者所具备的特质仅仅3条而已，却概括地诠释了人们驾驭自我、实现生命完整价值的过程：树立信心、坚定信念、实施行动。然而这又是需要被我们深刻体会的，信心需要多大，信念需要多么坚定，行动需要付出多少艰辛与努力，都是需要我们每个人去深入了解的。

有一句名言说："生活是一面镜子，你对它哭，它就对你哭，你对它笑，它就对你笑。"而这也恰恰总结了正向思考的内涵:用美好的心态去面对生活中的一切,就会得到一切美好的思考结果,并且这种结果会作用于生活,使它朝向美好的方向发展。

正向思考者所具备的特质无外乎3点:坦然面对现实,拥有深信"生命有其意义"的价值观、具备实时解决问题的惊人能力。但是每个人的人生都各具特色,因此要将这几点普遍的特质运用到自己的人生中,就需要我们找到这些特质与自身之间存在的契合点,并努力缩短自己的人格特质与正向特质之间的差距。

罗马著名哲学家爱比克泰德曾经说:"是否真有幸福并非取决于天性,而是取决于人的习惯。"人们在面对挫折时,容易本能地在头脑中回忆那些令自己伤痛的感觉和事物,产生消极心态。但是并不是所有人都会因为挫折而唉声叹气、止步不前,有些人无论面对多么大的挫折,都不会产生消极的心态,总是拥有拼搏的力量和斗志,一生都保持乐观的生活态度,生活得幸福、快乐。这是因为他们学会了正向思考,并将这种正向思考训练成了一种思想习惯。

最好的一种训练方法就是进行积极的自我暗示。这是一种意识作用。莫斯科未开发脑研究所的乌拉吉米尔·赖可夫博士利用催眠术来刺激未开发的脑部,进行开发能力的研究,赖可夫博士暗示志愿者"你是高更,画得一手好画",在连续10次的暗示之后,这位基本没有什么绘画功底的志愿者画出的作品竟然不输给专业画家。在生活中,我们可以借由训练来加强正面思想的灵活性。这可以通过以下几步来实现:

◎截断负面情绪

也许在遭遇挫折和不幸时,你会首先出于本能地产生一些负面的情绪,如悲伤和不快乐等。你需要首先截断这些负面情绪对你的影响,提醒自己必须暂停这些负面情绪的蔓延。

◎引入正向思考

将事情朝向美好的方向思考,放下一切思想包袱,让自己轻松面对一切。

◎将正向思考带入身边的每一件事

事物有利便有弊，所以你应该把正向思考带入自己生活中的一切，并且坚持下去，使自己的正向思考成为一种模式，一种惯性。

大千世界，每个人都在经历自己的人生，并用自己独特的方式演绎着，当然也有着多种不同的人生结果。有些人始终生活在悲观之中，一生都无法逃脱不快乐的情绪；有些人会因为别人的劝慰而逐渐走出人生的低谷；有些人因为遭遇挫折而一蹶不振，后又受到某些启示而重新充满斗志。对这些人来说，人生往往都有灰色的盲点，甚至暗淡得不堪回首。但是唯有一种人，在他们的整个人生中，从来都是充满色彩与活力的，那就是那些懂得运用正向思考的人。

正向思考者一生都在发挥正向思考的力量，时刻保有对生活的热爱和挑战一切的激情，并借由这种力量去勾画自己的人生，不断为人生填满绚丽的色彩，从而始终拥有精彩、富有挑战性的人生。这是因为正向思考者身上的那些特质在起作用。

◎ 成功者思维中最重要的处事之道——积极

在成功者的思维模式中，无论是对现实世界和社会的认识还是对自我的认知，都能找到一个相同的影子，那就是积极。正向思考的内涵也就是对一切事物进行积极层面上的思考，积极衍生沸腾、向上的力量。积极面对和思考一切事物，积极展开行动，才有可能得到积极、正向的结果，这是一种导向作用。

特别是在恶劣环境下，积极的思考可以使人们处于兴奋的情绪状态中，并促使人体各个器官和系统良好地、有效地朝着积极的指令方向发出能量，排除一切消极的、无所作为的思想干扰，帮助人们迅速挖掘自身潜力、能力和创造力。这也正是成功者之所以拥有更强生命力的原因。

另外，成功者在人生中之所以能够得到其他人的支持和肯定，也得益于他们对他人同样采取了和对待自己一样的积极态度：肯定自我、肯定他人，接受自己、接受他人，热爱自己、热爱他人。但是他们又会保持一种开阔的心境，积极地接纳周围的一切，他们更具宽容的度量。所谓"得人心者得天下"，因而他们更容易获得他人的拥戴，使自己拥有召唤群体的力量。

总之，成功者的一切思想与行动都离不开积极二字，是积极的力量促使他们完成了在很多人看来很难实现，甚至不可能实现的事情，带领他们一次次翻越人生的高峰，抵达一个又一个辉煌的时刻。因此，在学习成功者正向思考的过程中，我们应该学会抓住这个关键性的因素，充分认识积极带来的作用。

一天，一个农夫担着两筐鸡蛋去集市里卖。在经过一个山坡时，几十个鸡蛋从筐里掉出来摔了个粉碎。但是，这个人头也不回地只管向前走。

有人就提醒他："你的鸡蛋摔碎了不少，你怎么不看看？"

这个人回答说："我知道啊！但幸好没有都摔碎。既然碎的已经碎了，看了又有什么用呢？还不如早点赶到集市上去卖个好价钱呢。"

农夫对于鸡蛋抱有一种乐观的态度：幸好没有全摔碎。这正是一个运用正面思考来分解判断事物的实例。

在生活中，我们可以通过以下几个方面来加强正面思考对自我的决定性：

◎保持平和的心态

人生不可能一帆风顺，不论是遭遇疾病还是生活上的挫折，保持一份坦然的心态，平静地接受那些自己目前无法改变的现实，并随之调整自己的生活和工作节奏，淡看人间悲喜，凡事做而不求，保持心灵宁静，使自己以最好的状态对抗挫折。

◎培养多种兴趣，合理安排生活

创造丰富多彩的生活是一种生命力的体现，培养多种兴趣，努力丰富充实自己的生活，增强生命的活力，让人生更加有意义。无论是写作绘画还是唱歌弹琴,抑或是收藏,都会为展开正面思考提供良好的环境。

◎认识自身与社会的关系

自然造就生命,社会造就人生。一个完整而成功的人生需要在社会中实现,所以我们必须面对现实,根据社会要求不断调整自己的观念和行为,采取积极的心态解决问题,使其与社会同步,从而使自己拥有发展的机会。

◎放下压力

遇到自己无法承担的压力,就要学会适当放下,不要过于苛求自己。如果真的想解决那些压力非常大的事,可以向朋友或家人求助。

◎保持良好的人际关系

良好的人际关系能使我们的情感和思想得到丰富和传达,可以从根本上消除孤独感,建立群体意识,并建立良好的社会关系,帮助我们更好地融入社会,适应社会。它需要我们拥有包容的心态,接纳他人。

◎培养良好的自我意识

正确认识自己的优缺点,懂得从客观的角度看待自己。要树立十足的自信,不要盯着自己的缺点不放,或是钻牛角尖。

◎时常给自己积极的提醒

时常提醒自己,任何危机都有好转的机会,为自己树立希望。

TIPS:实践方法

①听音乐、阅读或是打坐冥想,都是很好的生活放松方式。在紧张的工作之后用它们来放松自己,是很好的减压方式。

②在有时间和条件的情况下外出旅游,最好是到郊外或是海边,多亲近大自然,可以让你遗忘很多生活中的繁杂琐事。

③阳光孕育希望,在阳光下你会发觉自己整个人都充满力量。多晒晒太阳,不仅可以增强体质,还可以让你的整个心境充满温暖。

④适当做运动。运动不仅可以健身,而且也是一个很好的减压方式。

⑤与亲朋好友聚会聊天。这是一个很好的倾诉途径,有助于我们排解生活中的压力。

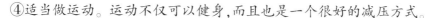

◎ 高超的正向思考,决定高超的结果

正向思考是思维的最高级形式,运用这种思考来看待和解决生活中的事物,往往可以给我们带来意想不到的良好效果。但是在运用正向思考时,不同的人却会带来不同的结果,这是因为他们正向思考的运用程度有高有低,思维导致结果,结果验证思考,正面思考程度完善,当然结果喜人,正面思考不足,结果也会令人担忧。一个思维比另一个思维更正面,结果也就更好。思维的成功才能决定结果的成功。

在娃哈哈和法国达能公司开展合作初期,娃哈哈集团董事长宗庆后一直坚持中方掌管经营权的原则,并对达能公司说:"如果你要掌管经营权,你就把钱拿走。"结果,达能公司的投资金额累积达到了7000万元,但是却没有派一个人到娃哈哈负责经营,而娃哈哈近年来的经营业绩始终十分出色。

达能公司运用了一种看似高超的正向思维,但是却没能敌过宗庆后的思维。他的带有战略性的坚持就是高境界正向思考中的一种,结果证明宗庆后的做法没有错,它成就了一个高人一筹的宗庆后,也带领娃哈哈公司走进全球饮料领跑企业。成功的人之所以成功,正是因为他们有着更高程度的正面思维,做出了超越于他人的正向思考决策,从而拥有了属于他们的成功。

高超的正向思考决定高超的结果。可以说,宗庆后的正向思考可以被称之为高境界,但是凡事只有相对,没有绝对,正向思考也是如此。再成功的人也不可能到达最高境界的正向思考,只能无限接近,无限缩小思考与最高境界正向思考之间的差距。真正做到这种无限趋近并不容易，如果说培养正向思考是创造成功的基础，那么提升正向思考的高度就是抵达成功顶峰的必要条件，我们只有不断完善并提高正向思考的程度，才有可能与那座最高的成功之顶靠近，最大限度地实现自身价值。正向思考存在最高境界，虽然我们很难真的到达它，但却可以无穷靠近它，最高境界的正向思考需要具备以下3个条件：

(1)最贴近具体环境的正向思考。

正向思考不是一个简单的理论，而是需要与具体实际相结合的实践方法。任何脱离具体事实的正向思考都是空想，这也是为什么很多人在心中有着对正向思考的认识，但却总是在现实中碰壁的原因。

一家五星级大酒店正在招聘一位大堂经理。这天，4位经验丰富的应试者经过层层筛选，获得了最后通关的机会。经过一轮专业性的提问，主考官发现4位女士实在是难分伯仲，这让面试进入了一种近乎令人窒息的氛围，无法抉择是最难的抉择。就在这时，面试官说出了一个看似刁钻的问题："我可以吻你吗？"听到这个问题，第一位应试者呆住了，接着开始不知所措，与刚才热情开朗的她几乎判若两人；第二位应试者反应更为激烈，她大声斥责面试官，觉得自己受到了侮辱，而且拂袖离去；第三位应试者非常主动地吻了面试官，反而把面试官弄得很不好意思；第四位应试者却优雅地伸出一只手，等待接受面试官的亲吻。

面试结果不言而喻。

4位应试者在各项素质上都旗鼓相当，但是唯有思维存在偏差。这种偏差就体现在正向思考与现实的结合上，拥有实时解决具体事件的能力，是实现高境界正向思考的一个具体表现。

现实与思维往往有着很远一段距离，只做思考而缺乏与之相匹配的执行力，就永远无法使正向思考发挥作用。一个人没有一点神通就无法成为职场中的领跑者，更不会成为生活中的佼佼者。拥有将正向思考与具体环境高度结合的能力，将最正向的思考实现于最恰当的环境，就是一种神通，这是高境界正向思考的深度。

(2)一生持续保持正向思考。

正向思考可以带来正向的结果,正向思考实现得越深,结果也就越可喜。但是正向思考不是一蹴而就的神丹妙法,它需要持续地被挖掘和被执行才能发挥应有的效力。如同那些怨天尤人、自暴自弃的人们一样,不坚持终将会导致最后的迷茫与堕落。当然,正向思考无法得到持续也是负面思考作祟的结果,它直接导致了人们的放弃。

海克特是德国软件巨头SAP公司的创始人之一,早年他在公司中占有重要地位,享有16%的公司股权,比公司里的灵魂人物哈索·普拉特纳还要高,那时的他春风得意,积极向上。但是在公司员工埋头苦干、SAP公司突飞猛进时,他却渐渐落伍了,与曾经并肩作战的几位公司元老渐行渐远,他觉得自己受到了排挤,甚至觉得自己像个汽车上的备胎。于是他被调离了监事会,但是之后的屈辱仍然让他觉得难以接受,最后,他出售了自己600万股股票,彻底离开了SAP公司。

对于海克特的一系列做法,掌门人荷普非常愤怒,他说:"合作几十年,他一直与我们谈笑风生,谁也没想到,他竟然在几个月之内就变了一个人。"然而思想决定行动,行动导致结果,谁也没能阻止海克特的离开,原因在于他的思想固化在了过去的模式之中。海克特的确是SAP的功臣,但是他的思想无法与公司同步前进,新晋人才相继涌入,公司不断被创新者改革,在决策性角色发生巨大的改变后,他失去了公司建设之初的激情以及积极的工作态度,正向思考也由此被慢慢侵蚀,并最终消失,导致善始未能善终。

稍纵即逝的正向思考只能发出几秒钟的光芒,虽具力量却不能长久,不能成就我们整个人生的辉煌,我们只有让正向思考持续、长久、稳定地存在,才能够时时得益于它。正向思考被持续、不遗余力地运用,这是高境界正向思考的长度,这种长度无法被度量,只能用永远来定义。

(3)对所有事物进行正向思考。

有句话说:"心有多大,舞台就有多大。"同样,你的正向思考有多宽广,你人生的成功领域就有多宽广。为了获得特定的结果,人们总是习惯于将正向思考用在某些特定事物上，例如想要通过考试，就会为此而做出正向思考；想要获得一个人的喜爱，就会把正向思考用到这个人的身上。但是总有些结果是人们不愿接受的，那往往就是那些被人们忽略的，没有使用正向思考去对待的事情。

海纳百川，有容乃大，这的确是一种大家风范。将正向思考深入到每一件事物当中，是一件很难做到的事，但是可以肯定的是，一个人正向思考的范围越是宽广，得到的也就越多。

在28岁那年，韦尔奇正在负责一家工厂，但是不幸的是，工厂发生了爆炸，损失非常惨重。听到这样的结果，公司的高层都气愤不已，斥责韦尔奇不负责任。但是处理这起事故的查理·里德却观点独特，他想到的是韦尔奇从这场事故中学到了什么以及公司是否应该继续这个项目。结果，他没有给韦尔奇任何处罚。在顺风顺水的环境下，韦尔奇进步得很快，不断升职，最后成为世界第一CEO，当然查理·里德的职位也随之不断升迁。

查理·里德的做法不仅是一种高明的为人处世态度，而且也体现着一种高瞻远瞩的思想。

用发散的眼光看世界，将正向思考广泛撒网，充分运用到每一件事情上去，这是高境界正向思考的广度，这个广度足够大，才能创造出足够且丰富的精彩。

(4)让自己无限接近最高境界的正向思考。

上面我们讲到，正向思考的有效实现需要具备3个因素：深度、广度和长度。缺少其中任何一条，正向思考都是难以得到充分发挥的。我们的人生之所以会遇到这样那样的不尽如人意，除了负面思考的影响外，很多都是因为我们的正向思考不够完善造成的。

想要创造近乎完美的人生，我们不仅需要具备正向思考的能力，还需要能够与时俱进地完善正向思考，使它更具深度、广度以及持续性。这来自于生活点滴的积累，我们要从小事开始，逐渐加强正向思考的力量，最大限度地接近最高境界的正向思考：

◎善待身边的每一个人

善待自己的亲人、爱人和朋友,即便是对于那些你不喜欢的人,同样也要善待,这是一种宽容,这种宽容不是退让,而是一种可以使你的人生波及更广的力量。

◎对生活满怀感激

感谢生命中的每一件事,即便是挫折与磨难。

◎坚持自己的目标

始终对自己的目标抱有坚定的信念,相信自己,永不放弃,水滴石穿,坚持铸就奇迹。

◎提高自我实时应对能力

锻炼自己以最快的速度、最佳的方法解决突如其来的问题。这需要我们加强日常知识的积累,并不断提高心理素质。

◎积累小成就,成就大成功

摩天大楼需要一砖一瓦的累积,细节失误也许会令它轰然倒塌。细节决定成败,认真做好生活中的每一个细节,才能拥有精致、积淀深厚的人生。

TIPS:实践方法

①从做好每一件事开始。从完全投入一件事开始,在一件事上投入足够的正向思考,并始终坚持,努力将这件事做到最好。

②做一日模拟练习。从早晨经历第一件事开始,就努力使用正向思考去接受它们,坚持一整天,然后在晚上入睡前总结一天的正向思考给自己带来的影响。

③多参加集体活动。多多参与集体活动,在集体活动中尝试成为主持人或是活动倡导者,提高自己的应变能力和判断能力。

正向思考具有良好的结果导向性,如果作用能够得到充分发挥,往往可以扭转乾坤,创造奇迹。因此身处逆境的人们往往会借助正向思考的力量,帮助自己驱散人生中的阴霾。但是在顺境中,却很少有人会想到运用正向思考。因为在不少人看来,顺境之所以称作顺境,说明其中的一切都是向上的、美好的、充足的。但是人们却恰恰忘记了一点,那就是事物是可以相互转化的。人们一旦在顺境中放弃运用正向思考,负向思考就有可能侵入,顺境也就无法得到持续。

培根曾经说:"顺境中的美德是节制,逆境中的美德是坚韧。"正向思考在顺境中,就是起到了一种节制的作用。得意、欢乐虽然都是顺境中的感受,但是如果不加节制,就会物极必反,得意而忘形,乐极而生悲。

◎ 活在当下,学会原谅自己

生活中有成功也有失败,有开心也有失落,如果我们把生活的起起落落、权利和欲望看得太重的话,生活对我们将永远是一种压力,心境也永远做不到坦然。

人生在世,不要为碰翻的牛奶哭泣,如果对过往的事情仍然耿耿于怀,就必然会在烦躁的心态中错失更多今天的东西。只有学会保持心灵平静,改变可以改变的,接受无法改变的,才能享受生活的平凡和简单。"宠辱不惊,看庭前花开花落;去留无意,望天空云卷云舒。"

刚到秋天,寺庙院子里的草地枯黄了一大片,很是难看。

这时一个小和尚看不下去了,就对师父说:"师父,快撒一点种子吧!"

师父说:"不着急,随时。"

种子到手了,小和尚就去种,不料一阵风吹过来,把撒下去的种子吹走了不少。小和尚着急地对师父说:"师父,很多种子都被风吹走了!"

师父说:"没关系,被风吹走的大多都是空的,撒下去也发不了芽,随性。"

种子种下后,有几只小鸟飞来在土里刨食,小和尚赶紧赶走小鸟,并向师父报告:"师父,种子被鸟吃了!"

师父说:"急什么,留在土里的还多着呢,随遇。"

第二天,下了一场大雨,小和尚哭泣着告诉师父:"师父,这下都完了,种子被雨水冲走了!"

师父回答:"冲走就冲走了吧,冲到哪里都是发芽,随缘。"

一个多星期过去了,昔日光秃秃的土地上长满了新芽,小和尚高兴地告诉师父:"师父,你快来看呐,都长出来了!"

师父依然平静如昔:"应该是这样吧,随喜。"

冰心曾言:"人到无求品自高。"崇高的境界和平静的心态都是"无求",就像这位老师父一样,用一个"随"字,概括了人生各种状态下的平常心,对所得所失、所喜所悲都完全看淡,就好似尘世荣华,了然于心。

古人说:"人生不如意之事十之八九。"人的一生是一个不断接受自己、不断与命运抗争的过程,也是一个不断拥有、不断失去的过程。如果不能保持"心灵平静",学不会淡泊名利,就会患得患失,在权利和欲望的得失之间痛苦前行。

人生有顺境也有逆境,真正的人生就是需要逆境的不断磨炼。

如果面对过往的一切,独自感叹后悔,只能说明我们的愚蠢和消极。

积极面对未来,不对过往的一切念念不忘

若想要走出没有后悔的人生路,我们就必须要积极面对未来,不对过往的一切念念不忘。

停止你的后悔和懊恼,让烦躁失望的心平静下来,因为你所后悔的那些,不管是自我的缘故还是命运的牵引,都不是导致失败的原因,最根本的还是在于我们的心境和眼光。你是在向前看,还是在频频回眸,是在坎坷人生路上不懈奋斗,还是在遭遇挫折后郁郁寡欢?

汉德·泰莱是纽约曼哈顿区的一位神父。

那天，教区医院里一位患者生命垂危，他被请过去主持临终前的忏悔。他到医院后听到了这样一段话："仁慈的上帝！我喜欢唱歌，音乐是我的生命，我的愿望是唱遍美国。作为一名黑人，我实现了这个愿望，我没有什么要忏悔的。现在我只想说，感谢您，您让我愉快地度过了一生，并让我用歌声养活了我的6个孩子。现在我的生命就要结束了，但死而无憾。仁慈的神父，现在我只想请您转告我的孩子，让他们做自己喜欢做的事吧，他们的父亲是会为他们骄傲的。"

一个流浪歌手，临终时能说出这样的话，让泰莱神父感到非常吃惊，因为这名黑人歌手的所有家当，就是一把吉他。他的工作是每到一处，把头上的帽子放在地上，开始唱歌。40年来，他如痴如醉，用他苍凉的西部歌曲，感染他的听众，从而换取那份他应得的报酬。

黑人的话让神父想起5年前曾主持过的一次临终忏悔。那是位富翁，住在里士本区，他的忏悔竟然和这位黑人流浪汉差不多。他对神父说，"我喜欢赛车，我从小研究它们、改进它们、经营它们，一辈子都没离开过它们。这种爱好与工作难分、闲暇与兴趣结合的生活，让我非常满意，并且从中还赚了大笔的钱，我没有什么要忏悔的"。

白天的经历和对那位富翁的回忆，让泰莱神父陷入思索。当晚，他给报社去了一封信。信里写道："人应该怎样度过自己的一生才不会留下悔恨呢？我想也许做到两条就够了。第一条，做自己喜欢做的事；第二条，想办法从中赚到钱。"

后来，泰莱神父的这两条生活信条，被许多美国人信奉。的确，人生如此，也没什么好后悔的了。

我们之所以对以前的某个错误耿耿于怀，迟迟不肯原谅自己，多半是因为我们为之付出了一定的代价。可是，不肯原谅又能如何？代价不能再收回，但是我们的心情可以回转，也需要回转，因为生活还要继续。

安雅宁进入公司刚刚一年，因为表现优秀，很受领导器重。她也暗下决心一定要做出成绩来。一次，上级领导要她负责一个企划方案，为一个重要的会议做准备，还透露说如果这次企划方案能赢得客户的认可，她将有可能被调到总公司负责更重要的职务。对安雅宁来说,这是个千载难逢的机会。她非常卖力,每天都熬夜准备这份企划方案。

可是,到了会议的那天,安雅宁由于过度紧张,出现了身体不适,脑子一片混乱,甚至没有带全准备好的资料,发言的时候词不达意,几次中断。会议的结果可想而知……

失去了一个这么好的机会,安雅宁为此懊恼不已。之后,由于她的状态一直不好,又有过几次小的失误,她对自己更加不满。以前充满自信的她,现在忽然觉得自己不适合这个工作,不然为什么老是在关键时刻出错呢?她开始惩罚自己,经常不吃饭,想通了又暴饮暴食,或者拼命地喝酒。

安雅宁的情绪越来越不好,领导找她谈过几次话,宽慰她过去的事情都过去了,人应该向前看。虽然她的情绪渐渐稳定了下来,但是她还是不能原谅自己,没有心情做好手中的事情,以致对工作失去了当初的信心。最后,她不得不递交了辞呈。

很多人在犯错之后,不能原谅自己,甚至憎恨自己,进而影响到现在乃至未来做事的心情。如果憎恨过于强烈,就无法洗心革面,无法看到希望的曙光。不如反过来想一想,错误既然已经犯下了,再惩罚自己有什么用呢?而且你已经为此付出了沉重的代价,为什么还要搭上现在和未来呢?

当我们为曾经的错误付出了沉重的代价后,可不可以原谅自己呢?只有原谅自己,才能重新调整心情,开始新的生活。而那些无法原谅自己,始终对自己的过去耿耿于怀的人,是得不到人生的幸福的。

一位女士结婚3年,生下一个又白又胖的小男孩儿,家人皆大欢喜。尤其是一直生活在农村的公公婆婆更是笑得合不拢嘴,买了一大堆东西来看孩子。她当然也是高兴得很,想着一定要养育好孩子,以报答公公婆婆和丈夫。

可是,在孩子刚刚满月的一天夜里,由于孩子之前一直哭导致她未能休息好,在好不容易把孩子哄睡后,她也很快进入了梦乡。可是,也许是她太累了，睡得太熟了，被子蒙住了孩子的头，她居然没有发现。等她发现的时候，孩子已经停止了呼吸。她顿时号啕大哭，大叫着："是我害死了孩子！是我害死了孩子！"一连几天几夜不吃不喝，就这样大喊大叫，任谁劝都不听。

最后，她疯了，整天抱着孩子的小衣服，小被褥，一会儿哭，一会儿笑。嘴里絮叨着："我有罪，我该死……"

出现这样不幸的事，面对这样的打击，我们一般人一时确实难以接受。但可怕的事情既然已经发生了，并为之付出了惨痛的代价，就应该原谅自己，承认事实，接受事实，总结教训，将自己从过去的痛苦中拯救出来。在神话里，连神灵都可以原谅自己，那么你我这等凡人为什么要和自己过不去呢？

每个人都希望自己的人生道路和事业道路能够一帆风顺，最好不要犯任何错误。其实这一观念是不符合自然规律的，只不过是人们自己的一厢情愿罢了。"人非圣贤，孰能无过"。无论是在工作中还是生活中，犯错本来就是难以避免的事情。关键不在于你犯的错本身，而在于你犯错之后的反应。

常常听一些人痛苦地说："我永远无法原谅自己。"可是，不原谅又如何？那等于把自己推入了一个永不见底的深渊，从此再也看不到希望和光明。而世上没有"后悔药"，谁也不能改变过去，对自己的责怪也只能是加深自己的痛苦罢了。

其实犯错本身并不可怕，可怕的是我们失去了直视它的勇气，更可怕的是我们从此失去做事的心情，以至于赔上了现在和未来。所以，切莫再抓住过去的伤疤不肯放手，赶快从自怨自艾的泥潭中跳出来，朝气蓬勃地投入到新的生活和事业中去吧！

只有真正从心底里原谅自己，才能驱走烦恼，让心情好转。学会原谅自己，不是给自己找借口，而是很平静地分析我们过去的错误，从而在错误中得到教训，做到"经一事，长一智"。

我们不仅要学会原谅别人，更要学会原谅自己。如果不能原谅自己，我们便会陷在失败的泥潭里无法自拔；如果不能原谅自己，我们便会终日在自责中度过；如果不能原谅自己，我们便会失去自信，失去前进的勇气。

缺憾也是一种美

当爱神维纳斯裸露的躯体、残缺的断臂展示在世人的面前时，人们感叹的并不是她美中不足的缺憾。据说维纳斯像出土时，因为缺少手臂，当时的著名雕塑家们，就举行了一场重新塑造手的比赛。但是比对了许多个方案之后，人们统一认为，没有手臂的维纳斯，比起有各种手臂的维纳斯更美丽。直到现在也没有人对她的美提出过异议，相反，她身上的缺憾引发了无尽的遐想。

当我们在追求完美的时候，当我们因为不够完美而心情不爽的时候，常常忽略了缺憾其实也是一种美，是上天赐给我们的另一种恩惠。

有一个小木轮，忽然有一天发现自己身上少了一块木片，为了补上这一缺憾，它决定去寻找一块和自己丢失的一样的木片。

于是，它开始了长途跋涉，但由于缺了一块，不够圆，所以走得非常慢。这时正值春暖花开的季节，路边的风景非常美，五颜六色的花点缀在绿色的田野里，空中还有鸟儿在歌唱。小木轮边走边欣赏风景，不知道就这样走了多久，它终于发现了一块和自己的缺口一样的木片，它高兴地将其装在身上，这下完美了，它想。

然后，小木轮重新出发了，没有了缺憾的它自然走得飞快，它开始为自己的完美欢呼。可是，没过多久，它就泄劲了，因为它再也没有时间和机会欣赏路边的野花，聆听小鸟的歌唱了，单调地赶路让它感觉枯燥和乏味。于是，经过再三思量，它还是将木片卸了下来，带着缺憾慢慢上路，快乐的心情又重新回来了。

因为少了一块木片，小木轮看到了美丽的风景，缺憾反倒成了一种恩惠。而在艺术界，有的评论家甚至提出："完美本身就是一种局限，单调的美容易使人淡忘，而一些缺点往往起到震撼心灵的作用，使创作更加生动真实。"的确，完美与缺憾本身就是相对存在的，如果没有缺憾又如何能显出完美的魅力？就像如果没有沙漠，人们就不会产生对绿洲的期待。

单调的美容易让人淡忘，不仅仅是艺术领域，生活中其实也是如此。你可以搜索一下自己的记忆，你会发现令你记忆犹新的和自以为美好的实际上并不是那些真正完美的事情。正如当初我们错过了一份美好的感情，如今每每都会想起，时时都会拿出来玩味，甚至到老还会记得曾经有一个多么美丽的姑娘或者多么帅的小伙子偷偷喜欢过自己，却阴差阳错地未能牵手，到了那时候，所有的遗憾都沉淀成了一种美丽的情愫。

事实虽是如此，但是缺憾并不受人欢迎，我们都在追求所谓的完美，想要拥有完美的亲情；想要拥有完美的爱情；更想拥有一个完美的人生。只是日有东升西落，月有阴晴圆缺，就连星星也有陨落，也就是说真正意义上的完美并不存在。但是，也正因为有了缺憾，我们才看到了人生的另一种风景。

当然，在事业和生活中，人生的缺憾并不是都有机会成为一种美，但它们在人类的意志力面前，绝对有变成一种恩惠的可能。

我们都知道柠檬又苦又酸，一点也不讨人喜欢，根本无法下咽。可是如果把它榨成汁，加上水，加上糖，倒进蜂蜜，却变成人人爱喝、生津止渴的柠檬汁。如果上天给了我们一个酸苦的柠檬，那我们就想办法把它榨成柠檬汁吧。

一位住在弗吉尼亚州的农场主当初买下这块地的时候不被任何人看好，因为这块地实在是太差了，既不能种水果，也不能养猪，只能生长白杨树和响尾蛇。别人都以为这块地一文不值，但是这位农夫想了个点子，把缺憾变成了资产。

他的做法让人很吃惊，他开始做起了响尾蛇的生意。他把从响尾蛇口里取出来的毒液送到各大药厂制造蛇毒血清，把响尾蛇肉做的罐头销售到世界各地，把响尾蛇皮以很高的价钱卖出去，用来做女人的皮鞋和皮包。总之，他的农场既没有种水果，也没有养猪，只是饲养响尾蛇，而他的生意却是越做越大，每年来这里参观他的响尾蛇农场的游客就有好几万人。

现在这位农场主所在的村子已改名为弗州响尾蛇村，这是为了纪念这位先生把"酸苦的柠檬"做成了"甜美的柠檬汁"。

不要期望上天赐给我们现成又好喝的柠檬汁，事实上，上天总是处处用缺憾刁难我们，这简直让我们憎恨，却又无可奈何。如果你拿到了又苦又酸甚至还有毒的"柠檬"，不要抱怨，自己想办法把它剖开、切片、榨汁，细细地加工处理，然后静静坐下来，好好享受历经千辛万苦才得到的宝贵柠檬汁吧。也正因为有了这个过程，你手里的柠檬汁才愈加珍贵，愈加香甜，这时你会感谢上天给你的这个柠檬。

要培养能给你带来平和和快乐的心理，我们就要学会，当命运给我们一个柠檬的时候，我们要试着把它做成一杯柠檬汁，并且对它心怀感恩。因为如果没有柠檬，又哪里会有柠檬汁呢？

◎ 对正向思考者来说，每个人都拥有一座"金矿"

很多人抱怨自己既不是官二代也不是富二代，手里拥有的东西实在太少。但是，对正向思考者来说，我们拥有的东西真的很多，并且是取之不尽，用之不竭的，比如说人脉。

好人脉是一座挖不尽、用不竭的金矿，是一笔无形的财富。尤其是在中国这个极其讲究人情的国度里，人脉的作用绝对不可低估。经济的飞速发展，带来了人际关系的重新排列和组合。

一个人一生所面临的各种关系，比以前更新鲜、更复杂，变化也更迅速。这就要求我们的头脑要更灵活、更快适应社会，花费更多的心思、动用更多的手段来经营自己的人际关系。只要方法得当，每个人都可以拥有这座"金矿"。

其实，人脉就是一张网，其间的信息传递与人脑内部的信息传递非常相似。脑部的某一点受到外界刺激会产生信号，传至另一点而引发某种想法。如果只靠这两点之间的单程传递，一旦这条线由于某种原因受到阻断，信息传递就不能再继续。这样的信息链必定十分脆弱。所以在我们的大脑中，两点之间的信息通路有成千上万条。不论这是大自然赐给我们人类的福祉，还是我们在漫长的物竞天择中进化来的、必需的生存能力，总之，正是由于这无数的信息通路，我们才得以实现伟大的梦想。

营造和维系好人脉，是一门学问，更是一种艺术。经营好自己的人际关系网，编织一个牢固庞大的人际网络，当你需要帮助时，就会有人向你伸出热诚的双手，给你一个可以依靠的肩膀。

以下8种人脉是你一生的功课。

第一种，以亲情为基础的关系：血浓于水。

"血浓于水"是人们常说的一句话，它说明了动用关系、求人办事时亲戚的重要作用。亲戚关系是每个人都具有的一笔宝贵资源，在生活中不懂得善加利用，可以说是一种极大的浪费。亲戚之间的血缘或亲缘关系决定了彼此之间特殊的亲密性。遇到困难，人们首先想到的就是找亲戚帮助。作为亲戚，对方也大都会很热情地向你伸出援助之手。

为了有效地维护好亲戚之间的亲密关系，我们应该认识到亲戚关系的复杂性，其主要表现在亲戚之间存在着多种的差异，比如，地域、性格、经济、地位的差异等。这些差异既可能成为彼此交往的原因，也可能成为产生矛盾的原因。

第二种，以友谊为基础的关系：同学情与战友谊。

同学之间有着共同的记忆、共同的经历、共同的成长环境，这便是同学之间相互帮助、相互协作的情感基础。同学之间办事最实在，也最得力。我们每个人都有近10年或更多年的学习经历。仔细地回想一下，从小学、中学到大学，与我们同班同校的，可称为同窗情义的人何止几百。

少年时代建立的同学关系是十分纯洁的，有可能发展为长久、牢固的友谊。由于在学生时代的我们，年轻、单纯、热情奔放，对未来的人生充满崇高的理想，而这样的理想往往是同学们所共同追求的目标。曾几何时，彼此在一起热烈地争论和探讨，每一个人的内心世界都袒露在他人面前。加之同学之间的朝夕相处，彼此之间有了一定的了解。

同学关系有时的确能在最关键时帮上自己的忙。可是，值得注意的是，平时一定要注意和同学培养、联络感情，人情话该说的时候要递上，只有平时经常联络，同学的友谊之情才不至于疏远，同学才会很乐意帮助你。如果你与同学分开之后的几年间，从来没有联络过，你去托他办事的时候，一些比较重要、关系到他个人利益的事情，他就不会帮你，这也是人之常情。

第三种，以魅力为基础的关系：寻找属于你的"fans"。

风度是一个摆在人们面前的现实问题。伊莎贝拉曾经说过，美丽的相貌和优雅的风度是一封长期有效的推荐信。人们关心自己的风度，也议论他人的风度。人们赞扬和羡慕那些风度翩翩的人，并且也期望自己和周围的亲友都具有良好的气派。因此，我们就必须要更讲究自己的风度，树立良好的形象，让你的魅力吸引你的fans。

风度是人的言谈、举止、态度的综合体现，更进一步说，是人的精神气质的外在扩散所形成的魅力。这种魅力给人一种美的慑服力。这种美的慑服力，能使人产生心理的倾慕和震颤。腹有诗书气自华，风度虽然是通过一种外在的形式表现出来的，但它却与一个人的知识水平、精神面貌、道德修养、审美观念等密切相关。比如，服饰的打扮与人的审美水平有关，精神的状态与人的个性、修养有关。一位哲人说得好，"风度是我们天性的微小冲动"。从一个人的风貌可窥见其内在素质和修养。罗曼·罗兰说："多读一些书，让自己多一点自信，加上你因了解人情世故而产生的一种对人对物的爱与宽恕的涵养，那时你自然就会有一种从容不迫、雍容高贵的风度。"

由此，一个杰出的人物，应当时刻注意自己的风度。不管自己长得怎样，不管在什么场合下，也不管遇到多大的困难与波折，都要显得豁达、坚定，显得刚毅果敢、气宇轩昂，这样，就自然会有一股英雄气概，有一种外在魅力。如果妄自菲薄，自惭形秽，自己看不起自己，自己打倒自己，即使五官相貌长得再好，又有什么风度可言？试想一个没有风度的人怎么能够广交朋友，开拓人际关系呢？

第四种，以乡情为基础的关系：乡里乡亲。

在错综复杂的人际关系里，以乡情为基础的人际关系即搞好老乡的关系是十分必要的。因为这样不仅可以多交一些朋友，最重要的是可以获得很多有价值的东西，或许它可以让你一辈子都受益无穷。最起码，可以为你在有求于人的时候提供一条"跑关系"的线索。

现代社会的人口流动性十分大，很多人都离开自己的家乡到异地去求职谋生。身在陌生的环境里，要想拓展人际关系是有一定难度的，那就不妨从同乡的关系入手，打开人际关系的局面。

在异地的某一区域，能与众多老乡取得联系的最佳方式是"同乡会"。在同乡会中站稳了脚跟，跟其他老乡关系处得不错，那就等于建立起了一个关系网络。或许，有一天，你会发现这个关系网络的作用是那样得巨大，不容你有半点的忽视。

第五种，以人心为基础的关系："得天下"的先决条件。

一个人的人际关系好坏与否，其实也就是赢得人心的成功与否。大众的力量是巨大的，想做什么事要依靠大众的力量，都可以轻松实现。你善待众人，懂得去建立关系，就会有许多人愿意帮助你，不断地给你提供各种各样的资源，使你能够开足马力向前进。只要能得到众人之心，就能筑起无数的"钢铁长城"。楚汉相争可以说是很能说明这个问题的代表事例。

大众对于一个想要赢得人心的人来说，是相当重要的。主要体现在以下两点：一是大众能让人避开冲突，缓和人际关系，二是大众可以让人强化应对复杂问题的能力。假如你明白这两点，那么你就会在各种场合，把奇妙的做人之道发挥得淋漓尽致，从而成就自己的人际关系网。要想赢得众人心，就必须有一个良好的人际关系。关系就像水，人就像船，只要你重视它，并且懂得经营关系，它就可以推动你走得更高。如果你不重视它，或者不善于经营关系,那么,它同样可以把你淹没。

第六种,以外力为基础的关系:伯乐扶助走上红地毯。

古今中外,在名人的成功历程中,总有一些至关重要的人物在其中发挥着作用。在接受他人帮助的同时施展出自己不负栽培的好手段、真本事,这才是他们把握历史性机遇的关键性的一步,也是他们最终成功的要素之一。

其中的道理是不难理解的。一个人要想取得某种成就,就必须要具备一定的条件,而这些条件的客观方面却往往掌握在他人的手中。接受他人的支持和帮助,就像一颗优良的种子不拒绝一块适合自己生长的土壤,势必会加速一个人的成功的概率,有时甚至会决定一个人的命运。可见,以外力为基础的人际关系也是很重要的。没有外力的介入,是很难成功的,所以要想成功,必须善于借用他人的力量。然而,他人之力不是很容易借到的,即使借到也不一定对你的成功目标有用。因此,借用他人之力,关键是要找对人,一旦得到贵人的相助,大事就会成为小事,难事就会成为易事。

所谓贵人,就是指有权有势,或有名有钱的人。他们既然不同于常人,自然也拥有常人所不及的力量,可帮人办成不一般的事。但要想借贵人为自己帮忙,当然需动一番脑筋、费一番功夫。

对于一般人来说,贵人很难遇上,然而一旦遇上,就要牢牢地抓住,直至帮你达到成功的目标为止,这才是高明之所在。

良好的"伯乐与千里马"关系,最好是建立在各取所需、各得其利的基础上。这绝不是鼓励大家唯利是图,而是强调以诚相待的态度,既然你有恩于我,他日我必投桃报李。

因此,假如你是一匹良驹,一定要找到可以相助自己驰骋千里的伯乐与"贵人"。有了"贵人"的提携,加之个人的能力与努力,你一定可以比他人早成功。

第七种,以敌友为基础的关系:善驭小人。

大凡小人,见利忘义者居多,但是有很多小人由于舍得"投资",他们的关系网还是比较广的。利用这样一个特点，可以在自己困难的时候，以利诱之，解决自己的困难，以小利换大利。

当然，利用小人办事，一定要稳妥行事，一旦有所损失，可以及时撤身，避免更大的损失。

利用小人办事，首先要了解小人的背景来历，看他的关系到底如何，还要看所托的关系性格和行事特点。原则性强的人就不容易办事。其次，要循序渐进，不要一股脑儿的将利益全部拿出，这样反而会激起他更大的胃口。第三，不要一棵树上吊死，不要完全寄托于小人，要多寻几条道路，防止错过时机。第四，与小人接触时间长了，有时就会不经意之间得到小人的"辫子"或者把柄，切不可声张，更不要将"辫子"还给对方。因为也许小人会倒打一耙，来个卸磨杀驴、斩草除根。

第八种，以邻居为基础的关系：远亲不如近邻。

俗话说"远亲不如近邻"。从社会现象来看，在单位，与上司、同事接触，回家后，自然要与邻居、家人相处。邻里关系也是一种重要的朋友关系，除了属于自己的那个温馨小家，邻家也成为我们必须接触的单位。

邻里之间，低头不见抬头见，如果处理不好邻里关系，两家打来骂往，谁也过不了舒心的日子。所以，我们一定要正确处理邻里关系，彼此真诚相处，和和气气。这样你不但能拥有祥和的宁静的生活空间，而且遇到急难之时，邻居说不定还能助你一臂之力。

延伸阅读：

六顶思考帽

英国学者爱德华·德·波诺(EdwarddeBono)博士被誉为20世纪改变人类思维方式的缔造者，他开发了一种思维训练模式——六顶思考帽，这是一个全面思考问题的模型。在日常生活中，当我们遇到问题时，如果考虑得更全面、更具体，解决问题时就会更加得心应手。

六顶思考帽为人们提供了"平行思维"的工具，它避免将时间浪费在互相争执上，寻求的是一条向前发展的路，而不是争论谁对谁错。生活中如果遇到麻烦，运用六顶思考帽，将会使混乱的思考变得更清晰，使无意义的争论变成集思广益的创新。下面我们就为大家介绍一下六顶思考帽的具体内容和运用方法：

(1)六顶思考帽的内容。

六顶思考帽建立了一个思考框架，并指导人们在这个框架下按照特定的程序进行思考，这种思考方式极大地提高了效能。波诺认为，任何人都有能力进行以下六种基本思维功能，这六种功能可用六顶颜色的帽子来作比喻：

◎白帽子

白色是中立而客观的，代表着事实和资讯。中性的事实与数据帽，有处理信息的功能。

◎黄帽子

黄色是乐观的颜色，代表与逻辑相符合的正面观点。乐观帽，有识别事物的积极因素的功能。

◎黑帽子

黑色是阴沉的颜色，意味着警示与批判。谨慎帽，有发现事物的消极因素的功能。

◎红帽子

红色是情感的色彩，代表感觉、直觉和预感。情感帽，有形成观点和感觉的功能。

◎绿帽子

绿色是春天的色彩，是创意的颜色。创造力之帽，有创造解决问题的方法和思路的功能。

◎蓝帽子

蓝色是天空的颜色，笼罩四野，控制着事物的整个过程。指挥帽，有指挥其他帽子，管理整个思维进程的功能。

六顶思考帽在发明之初曾被成功地运用到很多知名企业当中，大大降低了会议成本，提高了企业的效能。事实上，它也同样可以运用到我们个人的思维当中，使我们将思考的不同方面分开进行，取代了一次解决所有问题的做法。

(2)六顶帽子的运用方法。

在日常生活中，由于我们的性格、学识和经验等都具有一定的局限性，从而也就使我们的思维模式形成了定势或者受到了限制，不能有效解决问题。运用六顶思考帽模型，我们就可以不再局限于单一的思维模式，而且思考帽代表的是角色分类，是一种思考要求，它可以随时提醒我们在遇到问题时，思考要灵活、全面。

六顶思考帽代表的六种思维角色，几乎涵盖了思维的整个过程，既可以有效地支持个人的行为，也可以支持团体讨论中的互相激发。比如当遇到问题时，我们可以提醒自己通过下面这个步骤解决：

理清思维，把问题从头到尾阐述一遍(白帽)；

提出解决问题的建议(绿帽)；

列举建议的优点(黄帽)；

列举建议的缺点(黑帽)；

对各项选择方案进行直觉判断(红帽)；

总结陈述，得出方案(蓝帽)。

利用六顶思考帽的思考方式，人们可以依次对问题的不同侧面给予足够的重视和充分的考虑。如同彩色打印机一样，先将各种颜色分解成基本色，然后将每种基本色打印在相同的纸上，最终得到对事物的全方位"彩色"思考。

试想如果我们每次遇到问题时都能这样理性地思考，那么，还有什么问题会难倒我们呢？

TIPS:实践方法

①回想一下自己在遇到问题时,是不是常常心存侥幸,祈祷上帝"别让事情变得那么糟糕"呢?如果回答是肯定的,那么你就要注意仔细练习六项思考帽的方法了。

②任何人的本性里都有至少一种颜色的思考帽是你经常用到的,这也反映了一个人的性格。你需要注意的不是如何用这顶思考帽,而是不要过度使用这顶思考帽。

③六项思考帽是一种科学的思考方法,先不要急着将它们综合运用,应先运用好你最擅长的和你最不擅长的两项思考帽。

第八章

想好了就去做，准备好就能赢得成功

想好了，就去做——抱负再大志向再大，机会也只会垂青有备而来的人。

每一次差错皆因准备不足，每一项成功皆因准备充分。准备好能够使你赢得成功。

◎ 机会只垂青有准备的人

如果说成功确实有什么偶然性的话，这种偶然的机会也只会垂青有准备的人。

世界上最可悲的一句话就是："曾经有一个非常好的机会，可惜我没有把握住。"遗憾的是，这种事情在很多人身上都发生过。其实，机会对我们所有人都是平等的，它有可能降临在我们每一个的身上，但前提是：在它到来之前，你一定要做好准备。

有一个叫罗伯特的美国人，想用80美元来周游世界，别人都认为他是在痴心妄想。

罗伯特没有理会那些冷嘲热讽，他找出一张纸，写下为用80美元旅行所做的准备。

1.设法领取到一份可以上船当海员的文件；

2.去警察局申领无犯罪证明；

3.考取一个国际驾驶执照，找来一套地图；

4.与一家大公司签订合同，为之提供所经国家的土壤样品；

5.同一家胶卷公司签订协议，可以在这家公司的任何一个分公司免费领取胶卷，但要拍摄照片为公司作宣传；

……

当罗伯特完成上述的准备之后，他就在口袋里装好80美元，兴致勃勃地开始了自己的旅行。结果，他完全实现了自己的梦想。

以下是他旅行的一些经历的片断：

1.在加拿大巴芬岛的一个小镇用早餐，他不付分文，条件是为这家餐馆拍照并承诺在旅行中宣传；

2.在爱尔兰，花5美元买了4箱香烟，从巴黎到维也纳，费用是送司机一箱香烟；

3.从维也纳到瑞士，由于他搭乘货车的司机在半途得了急病，已经拥有国际驾驶执照的他将司机送到了医院，并将货物安全送到了目的地。货运公司非常感激他，专门派车将他送到了瑞士，当然是免费的；

4.在西班牙一家新开张的公司门口，由于他们用来拍摄庆祝画面的照相机出了故障，罗伯特免费为他们拍摄了照片，他们送给罗伯特一张到达意大利的飞机票；

5.在泰国，由于提供了一份美国人最近旅游习惯的资料，他在一家高档的宾馆享受了一顿丰盛的晚餐；

……

愚者错失机会，智者善抓机会，成功者创造机会。对有准备的罗伯特来说，遍地都是机会。看来，这准备二字，真不是说说而已。

在2005年的西甲赛场上，新近出现了一位神奇的门将，他就是西班牙人卡梅尼。本赛季卡梅尼6次扑点球成功，而罚球者都是声名显赫的球员，如托雷斯、罗纳尔多、巴普蒂斯塔和洛佩斯等。

如今，卡梅尼已经成了西甲不折不扣的"点球大师"，尽管他才20出头。对于扑点球，卡梅尼有着自己独特的理解："罚点球就像西方的决斗，是两个人之间的决斗。要想战胜对手，你就必须了解对手，了解对手使用什么武器，知道对手会往哪个方向踢，会踢半高球还是低平球。"

当然，要做到这一点，卡梅尼付出了极大的努力。据他的老师，西班牙人的守门员教练恩科马透露，卡梅尼每场比赛之前都要观看无数的录像带，尤其是对手罚点球的录像带。"在走上球场之前，卡梅尼其实早就知道，对方阵中谁会主罚点球，主罚点球的人是踢左脚还是右脚，喜欢往左边踢还是往右边踢。"

正因为这样，西班牙人俱乐部已经宣布，联赛结束后的第一件事，就是给卡梅尼加薪并修改合同，全力保住这名天才门将。

一个如此年轻的球员，能够在高手如林的西甲联赛中，得到这种别人梦寐以求的发展机会，并不仅仅缘于教练恩科马的精心培养，更重要的是，他用充分的准备为自己创造了一片新天地。

大家也许都对证券界的巨人巴菲特感到好奇，想知道他是如何在瞬息万变的股票市场敏锐地发现机会、把握机会的。巴菲特曾经说过："做一个有准备的投资人，而不是冲动的投资人。"其实，这句话就已经把答案告诉我们了。

巴菲特对那些想在股市中赚大钱的年轻人的忠告是：先准备好足够的会计知识，因为会计是一种通用的商务语言，通过会计财务报表，你会发现企业的内在价值，而冲动的投资人看重的只是股票的外在价格。

还有，不要急于购买某个公司的股票，在这之前应该多了解这个公司的情况。虽然有时你不可能亲自去这个公司的总部考察，但你可以给他们打电话进行了解，并认真阅读他们公司的年报。巴菲特认为，如果一个公司的年报让你看不明白，这家公司的诚信度就值得怀疑，或者该公司在刻意掩藏什么信息，故意不让投资者明白。

很多人都在羡慕那些看上去似乎是一夜暴富的人，总感慨自己没有得到像他们那样的机会。可是,大家都看到了他们成功的一面,却没有意识到在他们风光的背后,是为达到目的所做的准备和付出的努力。如果说成功确实有什么偶然性的话,这种偶然的机会也只会垂青那些有准备的人。

有一个真实的故事,几年前,两个乡下女孩来到大城市寻求发展,她们合租了一间房子同住。这两个女孩都因为家境贫困而辍学,但她们希望能在这里找到一份待遇不错的工作,有一天能过上幸福的生活。虽然两人的条件都差不多,但让人吃惊的是,她们后来的遭遇却迥然不同。

其中一个女孩,以她的年龄来说,是相当具有智慧的,她明白机会不会凭空从天上掉下来。于是,她早早就开始为她的未来做准备了。最初,她只是在一家宾馆做清洁卫生的工作,但她非常认真,而且在业余时间里到附近的培训学校选修了酒店管理的课程。她还注意矫正自己的乡下口音和一些都市人所难以接受的习惯。现在,她已经成了这家宾馆服务部的经理,后来还与一位年轻有为的律师结了婚,她终于得到了她想要的幸福。

至于另外那个女孩,她却一直沉溺在自己的梦想之中,整天幻想着能突然遇到一个白马王子来使自己过上向往的幸福生活。虽然中间也曾有一些不错的小伙子对她产生过好感,但毫无准备的她却都让这些机会擦肩而过。一直到现在,她还生活在这个都市的最底层。

我们当中有很多人都像第二个女孩一样,每天都幻想着会从天上掉下来一个非常好的机遇,从而实现自己的梦想。他们并没有意识到,机会其实无处不在,但没有准备的人是不会看到它的。

在很多企业中,你可能听到最多的一句话就是:"我们的经理只是运气好,撞上了晋升的机会,要是给我这个机会的话,我一定会比他干得出色得多。"其实,这些话不过是他们的自我安慰罢了。要知道,突如其来的机会对于没有准备的人来说,有时比陷阱还要可怕。

一家公司销售部的经理因为一场车祸而躺在了医院,而公司马上要和一家跨国企业进行一场市场合作的谈判,各种材料都已准备就绪,日期也早已定好了,这是无法改变的。于是,公司决定让这个经理的助手承担这次谈判任务。公司的董事长还对这个助手进行了暗示,由于销售经理受伤非常严重,出院以后也无法再回原岗位工作了,如果这次谈判成功的话,销售部经理的职位就是他的了。

从天而降的机会让这个助手兴奋极了,他想,这次谈判的前期工作都已经做完了,合作方式、公司的底线都已经确定,销售部经理办公室里那张舒适的椅子终于轮到我坐了。

但是,当谈判才进行到第二天时,那家跨国公司就中止了这次合作意向。原来,虽然这个助手也参与了这次谈判的前期工作,但他却没有从一个谈判代表的角色上去进行必要的准备。比如:对方参加谈判的有几个人?他们是怎样的性格特点?他们有什么特殊的要求?其实,这些信息都存在销售部经理办公室的电脑里,被兴奋冲昏了头脑的他根本没有去想这些。结果,谈判从一开始就进行得不顺利。对方认为有一些事项早已沟通过了,可这位助手却一问三不知;对方都是对香烟极其厌恶的人,而这位助手却在谈判桌上吞云吐雾;对方有喝下午茶的习惯,而这位助手却没有准备……

这次谈判失败了,这位助手不但没有坐上销售经理的位子,而且连原来的职位也没有保住。董事长认为,一个做不好准备工作的人无法胜任任何工作,这位助手被公司辞退了。

在这位助手身上所表现出的懒懒散散、马马虎虎,对任务缺乏认真准备的工作态度,在许多人的身上都能找到。这种被动的行为,这种道德的愚行导致他们什么也做不了。

机会对于有准备的人来说,是通向成功之路的催化剂;对于缺乏准备的人来说,却是一颗裹着糖衣的毒剂,在你还沉浸在获得机会的兴奋之中时,它却会给予你致命的一击。

你还在苦苦地盼望着机会吗?那好,马上去做准备吧!你的任务便是要时刻做好准备,走在人前。

◎ 不仅仅要重视准备，还必须学会怎样去做准备

一个高效的执行者所采用的模式应该是这样的：思考—准备—执行—成功。

有相当一部分员工并不缺乏主动精神和工作热情，他们缺少的是在接受任务以后踏踏实实的准备。在某些时候，这种盲目主动和热情下的工作效率是非常低下的。

盲目的准备和努力毫无意义。

有一位勤劳的伐木工人，被指令砍伐100棵树。接受任务以后，他毫不拖延地投入到了工作当中，每天工作10个小时。可是渐渐地，他发觉自己砍伐的数量在一天天减少。他开始想，一定是自己工作的时间还不够长，于是除了睡觉和吃饭以外，其余的时间他都用来伐树，一天要工作12个小时。但他每天砍伐的数量反而有减无增，他陷入了深深的困惑之中。

一天，他把这个困惑告诉了主管，主管看了看他，再看了看他手中的斧头，若有所悟地说："你是否每天用这把斧头伐树呢？"工人认真地说："当然了，没有它我可什么也干不了。"主管接着问道："那你有没有磨利这把斧头呢？"工人的回答是："我每天勤奋工作，伐树的时间都不够用，哪有时间去干别的。"

听到这里，主管说："这就是你伐树数量每天递减的原因。虽然工作热情很高，但你连工作必需的工具都没有准备好，又怎么能提高工作效率呢？"

在我们身边，有很多人像这个伐树工人一样，总是忘了应该采取必要的准备使工作更简单、更快捷。不做足准备你又怎么能指望他们高效高质地执行好任务呢！要知道，在信息时代的今天，不磨刀就等于没有刀！

在企业中，总是有50%的指令被变通执行或打了折扣执行，30%的指令

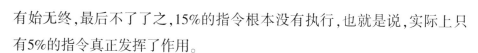
有始无终，最后不了了之，15%的指令根本没有执行，也就是说，实际上只有5%的指令真正发挥了作用。

其实，问题就是出在了准备上。

现在，让我们看一看3个员工对待同一个指令的不同态度产生的3种不同结果。

某家大型企业集团的采购部经理脾气暴躁，傲气凌人，许多想向他推销产品的业务员都碰了钉子。有一次，他到某个城市出差，一个办公设备生产企业的销售主管知道后，决定派员工A去拜访他，把企业的产品推销出去。由于这位经理只在这个城市停留一周，所以销售主管希望能在他回去之前草签一个合作意向。A接受了任务后，心想：这个经理不好打交道是出了名的，许多公司的人都被他整得下不了台，给的时间又这么短，我肯定完不成任务，不如想个办法躲过去吧。于是，他第二天并没有去宾馆拜访这位经理，而是在家里舒舒服服地休息了一天。第三天一早，他回到公司，对主管说："咱们得到的消息太晚了，他已经和别的公司签订了合同，这个客户只能放弃了。"

主管听说后感到非常失望，但又不甘心丢掉这个大客户，于是决定再派员工B去试试。B接受了任务以后，什么也没有说，把要推销的产品的简介往包里一塞，在10分钟之后就赶到了采购经理所住的宾馆，他直接来到了经理的房间，敲开门后马上开始介绍自己的产品。谁知采购经理有睡午觉的习惯，被B吵醒后已经非常愤怒，哪里有心情听他说些什么，一通臭骂将B轰了出去。B并没有泄气，他在宾馆的大堂里坐下，想等经理下来吃晚饭的时候再向他展开攻势。而经理因为被人打扰了午睡，整个下午都昏昏沉沉的，到了晚上根本没有胃口吃饭，早早就休息了。

可怜B在大堂里一步也不敢离开，一直等到晚上10点才饿着肚子回去了。

第二天的早上，当B带着失败的消息回到公司后，销售主管已经不报什么希望了。正当他准备放弃的时候，突然看到了刚进公司没几天的C，主管想：反正已经没希望了，不如让C去碰碰运气，就当是锻炼新人吧。于是，C

又接受了这个任务，而这时距采购经理离开的时间只剩下3天。C并没有急于去宾馆，而是通过各种渠道详细了解采购经理的奋斗历程，弄清了他毕业的学校，处事风格，关心的问题以及剩下这几天的日程安排，最后还精心设计了几句简单却有份量的开场白。

这些准备工作用了C一天的时间，到了第二天一早，C还没有去宾馆，而是回公司整理了一个小时的资料，把公司产品和竞争对手的产品进行了详细的比较，并将能突出自己产品优势的地方全都列了出来，然后把那位采购经理对产品最关注的耐用性、售后服务等关键点进行了非常具有诱惑力的强化。因为他已经查明，采购经理今天上午有一个简短的约会，要到10:30才回去，所以做这些准备工作在时间上来说是绰绰有余。C在10:15到了宾馆，在通向经理房间必经的电梯旁等候。10:30，采购经理回到了宾馆后直接上了电梯，C也马上跟了进去，从经理最感兴趣的话题开始，很快就得到了去经理房间喝咖啡的邀请。后来的事就很简单了，采购经理一次就定购了这家公司一个季度的产品量，并且签订了正式合同，甚至在他临走的那一天，这笔业务的预付款就已经到达小C所在公司的账户了。

在工作中，不仅仅要重视准备，还必须学会怎样去做准备，这是任何一个想成为卓越员工的必修课。

准备工作必须要有明确的方向与目标

跟着目标走才不会迷路。同样，准备工作也必须要有明确的方向与目标，盲目的准备往往只会是徒劳的。

从一开始做准备时就有明确的目标，意味着从一开始时你就知道自己的目的是什么，这样才能有针对性地将工作集中到一个点上，准备才会有的放矢。那种看似忙忙碌碌，最后却发现与目标南辕北辙的情况是非常令人沮丧的。这也是许多效率低下、不懂得卓越工作方法的人最容易出现的错误，他们往往把大量的时间和精力浪费在了毫无价值的准备工作当中了。

在一个漆黑的夜晚，一个人正在灯火通明的房间里四处搜索着什么东西。

有一个人问他："你在寻找什么呢？"

"我丢了一颗宝石，这是我祖母留给我的，必须找到它。"这个人回答。

"你把它丢在这个屋子的中间，还是墙边？"第二个人问。

"都不是，我把它丢在屋外的草地上了。"他又回答。

"那你为什么不到草地上去寻找呢？"第二个人奇怪地问。

"因为那里没有灯光，而屋子里有。我把这里的灯全打开了，并把屋里阻挡我视线的家具都搬了出去，还找矿务局的朋友借了一个探测矿石的仪器，你看，我准备得足够充分了吧！"这个人自豪地说。

看完这个故事，你肯定会觉得这个人很可笑。然而，我们中的有些人每天都在错误的地方寻找他们想要的东西。

一个想要找到金矿的采矿者，如果他认为在海滩上挖掘更容易，而到那里寻找金子的话，不管准备工作做得多么充分，他找到的肯定也只是一堆堆的沙土和贝壳。

目标，正如射击场上的靶子，它会告诉你射击的方向，还会显示出你的子弹离靶心有多远。有了明确的目标，你就不会盲目地浪费时间和精力去做那些无谓的准备。请注意下面这则调查：

很多年前，美国耶鲁大学对即将毕业的学生进行了一次有关人生目标的调查研究。研究人员向参与调查的学生们问了这样一个问题："你们有人生目标吗？"对于这个问题，只有10%的学生确认了他们的目标。

然后，研究人员又问了学生们第二个问题："如果你们有目标，那么，你们是否把自己的目标写下来了呢？"这次，总共只有3%的学生的回答是肯定的。

20年后，耶鲁大学的研究人员在世界各地追访了当年那些参与调查的学生们。他们发现，当年明确把自己的人生目标写下来的人，无论从事业发展，还是生活水平上来看，都远远超过那些没有这样做的人。这3%的人所拥有的财富居然超过了其余97%的人的财富总和。

这3%的人的成功，离不开他们从一开始工作就怀有的明确目标。

在耶鲁大学的这个关于人生目标的研究项目里，那些没有把人生目标写在纸上的人一生在干什么呢？原来他们忙忙碌碌，一辈子都在直接间接地、自觉不自觉地帮助那3%有明确人生目标的人实现他们的奋斗目标。

也许有人会说，为什么同样都是有目标的人，有的人成功了，有的人却失败了？

那是因为在为一件事做准备时，不但要制定明确的目标，更重要的是要始终专注于这个目标，不能因为其他事情的出现而分散你的注意力。如果你今天想成为一个营销高手，明天想成为一个管理专家，后天又想当一个出色的设计师。最终的结果只能是得不偿失，你的准备工作很可能前功尽弃。这样，显然无法把接下来本应该做得很好的工作完成得令人满意。请相信这样一句话：一个好猎手的眼中只有猎物。

在茫茫的大草原上，有一位猎人和他的3个儿子。这天老猎人要带上3个儿子去草原上猎野兔。一切准备得当，4个人来到了草原上，这时老猎人向3个儿子提出了一个问题："你们看到了什么呢？"

老大回答道："我看到了我们手里的猎枪，草原上奔跑的野兔，还有一望无垠的草原。"

父亲摇摇头说："不对。"

老二的回答是："我看到了爸爸、大哥、弟弟、猎枪、野兔，还有茫茫无垠的草原。"

父亲又摇摇头说："不对。"

而老三的回答只有一句话："我只看到了野兔。"

这时父亲才说："你答对了。"

果然，老三打到的猎物最多。

目标要专一，不能游移不定。眼中只有猎物的老三能猎到最多的猎物就是最好的佐证。但事实证明，大多数的人都有一个共同的悲哀——目标游移不定。没有明确的目标，又怎么去着手准备工作呢？最后只能一事无成。

比如，在工作中，如果你想成为一个优秀的销售人员，就要把提高销售额作为自己明确的目标，一切准备工作都应该围绕着这个目标展开。你要去了解市场行情、掌握销售技巧、锻炼出众的口才等等。同样，如果你想成为一个优秀的产品开发人员，就要把开发设计出最具竞争力的产品作为自己准备的方向，借鉴其他产品的优点、调查市场对同类产品的需求等等。只有这样，你才能在工作中脱颖而出。

◎ 在小事上多下点功夫，在细节上多做些准备

在工作中，对于小事、细节尤其要做好准备工作。正因为它小，才容易被忽视；正因为它细，才更容易出纰漏。在小事上多下点功夫，在细节上多做些准备，才能立于不败之地。

轻视小事、忽略细节，就永远成不了大事

一名美国人到上海参加一个商务会谈，入住在一家五星级的酒店。当这个美国人早晨从房间出来准备吃早餐时，一名漂亮的服务小姐微笑着和他打招呼："早上好，杰克先生。"美国人感到非常惊讶，他没有料到这个服务员竟然知道自己的名字。服务员解释说："杰克先生，我们每一层的当班服务员都要记住每一个房间客人的名字。"美国人一听，非常高兴。

在服务员的带领下，美国人来到餐厅就餐。在用过一顿丰盛的早餐后，服务员又端上了一份酒店免费奉送的小点心。美国人对这盘点心很好奇，因为它的样子太怪了，就问站在旁边的服务员："中间这个绿色的东西是什么？"那个服务员看了一眼，后退一步并做了解释。当客人又提问时，她上前又看了一眼，再后退一步才回答。原来这个后退一步就是为了防止她的口水会溅到食物上，美国客人对这种细致的服务非常满意。

几天以后，当美国客人处理完公务退房准备离开酒店时，服务员把单据折好放在信封里，交给这位客人的时候说："谢谢您，杰克先生，真希望不久就能第三次再见到您。"原来，这位客人在半年前来上海时住的就是这家酒店，只不过上次只住了一天，所以对这个服务员没什么印象，谁知她居然还能记得。

后来，这位美国客人又多次来过上海，当然，他每次肯定会住在这家酒店，而那位服务员的服务依然是那么细致入微。当这个美国人最近一次入住这家酒店时，发现当年的那位服务员现在已经是酒店的客房部经理了。

这是必然的结果，任何企业都不可能不提拔像那位服务员一样，在工作中的任何一件小事和细节上都能准备得如此充分的员工。

纵观那些卓越的员工，无一不是在细节的准备上下过大功夫的。你在他们的工作中看不到任何拖泥带水的现象，从他们的举止行动中你能感受到一个高素质人才的表现。他们总能在细节上做得让老板挑不出任何毛病，也总能在细节上让他们的客户感到十分满意。

日本东京贸易公司有一位专门为客户订车票的小姐，经常给德国一家公司的商务经理预定往来于东京和大阪之间的火车票。不久，这位经理发现了一件看似非常巧合的事，每次去大阪时，他的座位总是在列车右边的窗口，返回东京时又总是靠左边的窗口。

有一次，这位经理把这件事告诉了订票小姐。小姐说："火车去大阪时，富士山在你的右边，返回东京时，它则是在你的左边。我想，外国人都喜欢日本富士山的景色，所以每次我都替你买了不同位置的车票。"

就这么一桩不起眼的小事使德国客户深受感动，并促使他把与这家公司的贸易额由原来的400万马克提高到了1000万马克。一张小小的车票居然价值600万马克，这不能不说是在小事上做足了准备的结果。

事实上，随着现在企业的规模不断扩大，员工的数量也日益增多，彼此之间的分工也越来越细，其中能够决定大事要事的高层管理者毕竟是少数，绝大多数员工从事的还是简单的，烦琐的，不起眼的小事。但卓越的员工却能在这一份份平凡的工作和一件件不起眼的小事中，从准备做起，从点滴做起,显示出了个人的非凡能力和无穷魅力。

相反,每个企业也总会有些员工,天天想着怎么尽快出成绩,怎么一下子就干出点惊天动地的大事,好让人刮目相看,但却往往忽略了对工作中细节的准备。这也正是他们与卓越的员工之间的差距所在。

千万不要在小事上忽视了准备

一个几百年前发生的小故事也说明了这个道理——无论要做的事有多么小、多么不起眼,都万万不能忽视了准备,否则就有可能付出极其惨痛的代价。

国王理查三世和他的对手里奇蒙德伯爵亨利要决一死战了,这场战斗将决定谁统治英国。

战斗进行的当天早上,理查派了一个马夫去备好自己最喜欢的战马。

"快点给它钉掌,"马夫对铁匠说,"国王希望骑着它打头阵。"

"你得等等,"铁匠回答,"我前几天给国王全军的马都钉了掌,现在我得找点儿铁片来。"

"我等不及了。"马夫不耐烦地叫道,"国王的敌人正在逼进,我们必须在战场上迎击敌兵,有什么你就用什么吧。"

铁匠埋头干活,从一根铁条上弄下四个马掌,把它们砸平、整形,固定在马蹄上,然后开始钉钉子。钉了三个掌后,他发现没有钉子来钉第四个掌了。

"我需要一两个钉子,"他说,"得需要点儿时间砸出两个。"

"我告诉过你等不及了,"马夫急切地说,"我听见军号了,你能不能凑合一下?"

"我能把马掌凑合着钉上,但是不能像其他几个那么牢实。"

"能不能挂住?"马夫问。

"应该能,"铁匠回答,"但我没把握。"

"好吧,就这样,"马夫叫道,"快点,要不然国王会怪罪到咱们俩头上的。"

两军开始交战了，理查国王冲锋陷阵，鞭策士兵迎战敌人。"冲啊，冲啊！"他喊着，率领部队冲向敌阵。远远地，他看见战场另一头几个自己的士兵退却了。如果别人看见他们这样，也会后退的，所以理查策马扬鞭冲向那个缺口，召唤士兵调头战斗。

他还没走到一半，一只马掌掉了，战马跌翻在地，理查也被掀在地上。

国王还没有再抓住缰绳，惊恐的战马就跳起来逃走了。理查环顾四周，他的士兵们纷纷转身撤退，敌人的军队包围了上来。

他在空中挥舞宝剑，"马！"他喊道，"一匹马，我的国家倾覆就因为这一匹马。"

他没有马骑了，他的军队已经分崩离析，士兵们自顾不暇。不一会儿，敌军俘获了理查，战斗结束了。

从那时起，人们就说：

少了一个铁钉，

丢了一只马掌；

少了一只马掌，

丢了一匹战马；

少了一匹战马，

败了一场战役；

败了一场战役，

失了一个国家。

所有的损失都是因为少了一个马掌钉。

这个著名的传奇故事出自已故的英国国王理查三世逊位的史实，他1485年在波斯战役中被击败。而莎士比亚的名句："马，马，一马失社稷。"使这一战役永载史册，同时也告诉了我们这样一个道理，虽然只是少了一颗钉子的准备，却带来了巨大的危险。

准备是不分大小的，不要认为一颗钉子的作用不大，而不去准备。每一件惊天动地的事物都是由千千万万的小事组成的，其中只要有些许失误，就有可能导致前功尽弃。

记住，千万不要在小事上忽视了准备。

是否关注细节，这是普通员工与卓越员工的分水岭。

◎ 每天多准备百分之一，付出总会有回报

《礼记·大学》中有段话："苟日新，日日新，又日新。"老子在《道德经》中说："合抱之木，生于毫末，九层之台，起于累土，千里之行，始于足下。"

这些古老的中国经典文化说明一个道理：量变积累到一定程度就会发生质变。所以说，不要幻想自己能突然脱胎换骨，马上就能成为一个卓越的员工。要知道，从平凡到优秀再到卓越并不是一件多么神奇的事，你需要做的就是，每天进步一点点。

让自己进步的方法有很多，但见效最快的就是：每天多准备百分之一。

假如你看到体重达8600公斤的大鲸鱼，跃出水面6.60米，并向你表演各种杂技，你一定会发出惊叹。确实有这么一只创造奇迹的鲸鱼，它的训练师披露了训练的奥秘。

在开始时，他们先把绳子放在水面下，使鲸鱼不得不从绳子上方通过，每通过一次，鲸鱼就会得到奖励。渐渐地，训练师会把绳子提高，只不过每次提起的高度都很小，这样才不至于让鲸鱼因为过多的失败而感到沮丧。就这样，随着时间的推移，这只鲸鱼竟在不知不觉中跃过了6.60米的高度。

就像这只鲸鱼一样，每一个卓越员工的经历虽然各有不同，但总有一点是相同的，那就是他每天的工作总比别人多一些准备，哪怕只多百分之一。有一句古老的谚语说："事情就怕加起来。"正是这一个个百分之一的相加，才造就了非常可观的成就。

你在为即将进行的工作做准备时，不论考虑得多么周全，准备得多么充分，在工作的开展过程中却不免会有意外的出现，这个意外也许相对于

整体来说，比重并不大，但事情的成败与否，往往就在此一举。这就像"酒与污水法则"告诉我们的一样，一滴酒滴入污水中，污水还是污水，而一滴污水滴入酒中，则酒就变成了污水。当你所有的准备工作无法换来成果时，你一定会诅咒那个看起来很小却毁了全部的意外，而这个小小的意外其实只需要你在做准备时多做百分之一，即可以避免。

事情往往就是这样，问题总是出现在你缺少百分之一准备工作时，它令你措手不及，以至为后来的失败埋下了祸根。如果你能坚持每天多做一点准备的话，渐渐地，你就会发现在自己身上发生了惊人的变化：工作效率提高了，工作能力增强了，上司越来越喜欢把重要的任务交给你。不知不觉中，你已经成为了身边同事羡慕和嫉妒的对象，就像从前你羡慕那些非常卓越的同事一样。

下面我们可以来看一个小故事。

纽约的一家公司不出意料地被一家法国公司兼并了，在兼并合同签订的当天，公司新的总裁就宣布："我们不会随意裁员，但如果你的法语太差，导致无法和其他员工交流，那么，我们不得不请你离开。这个周末我们将进行一次法语考试，只有考试及格的人才能继续在这里工作。"散会后，几乎所有人都拥向了图书馆，他们这时才意识到要赶快补习法语了。只有一位员工像平常一样直接回家了，同事们都认为他已经准备放弃这份工作了。令所有人都想不到的是，当考试结果出来后，这个在大家眼中肯定是没有希望的人却考了最高分。

原来，这位员工在大学刚毕业来到这家公司之后，就已经认识到自己身上有许多不足，从那时起，他就有意识地开始了自身能力的储备工作。虽然工作很繁忙，但他却每天坚持提高自己。作为一个销售部的普通员工，他看到公司的法国客户有很多，但自己不会法语，每次与客户的往来邮件与合同文本都要公司的翻译帮忙，有时翻译不在或兼顾不上的时候，自己的工作就要被迫停顿。因此，他早早就开始自学法语了。同时，为了在和客户沟通时能把公司产品的技术特点介绍得更详细，他还向技术部和产品开发部的同事们学习相关的技术知识。

这些准备都是需要时间的，他是如何解决学习与工作之间的矛盾呢？就像他自己所说的一样："只要每天记住10个法语单词，一年下来我就会3600多个单词了。同样，我只要每天学会一个技术方面的小问题，用不了多长时间，我就能掌握大量的技术了。"

如果你是个有创意的员工，你应该明白仅仅是全心全意、尽职尽责是不够的，还应该在工作中比别人多准备些。虽然表面上看来，你没有义务要做自己职责范围以外的事，但是如果你选择自愿去做，这样反而会驱策自己快速前进。这种态度是一种极珍贵、倍受领导看重的素养，它能使人变得更加敏捷，更加积极。无论你是管理者，还是普通职员，"每天多准备百分之一"的工作态度能使你从竞争中脱颖而出。你的企业、上司、同事和顾客会关注你、信赖你，从而给你更多的机会。

当然，这也许会占用你一些私人时间，但是，你的行为会使你赢得良好的声誉，并增加他人对你的需要。

卡洛·道尼斯先生最初为杜兰特工作时，职务很低，现在已成为杜兰特先生的左膀右臂，担任其下属一家公司的总裁。之所以能如此快速升迁，秘密就在于"每天多准备百分之一"。

有几十种甚至更多的理由可以解释，你为什么应该养成"每天多准备百分之一"的好习惯，尽管事实上很少有人这样做。其中有两个最主要的原因：

第一，在养成了"每天多准备百分之一"的好习惯之后，与四周那些尚未养成这种习惯的人相比，你已经具有了优势。这种习惯使你无论从事什么行业，都会有更多的人指名道姓地要求你提供服务。

第二，如果你希望将自己的右臂锻炼得更强壮，惟一的途径就是利用它来做最艰苦的工作。相反，如果长期不使用你的右臂，让它养尊处优，其结果就是使它变得更虚弱甚至萎缩。

如果你能做一点份内工作以外的事，那么，这不仅能彰显你勤奋的美德，而且能帮助你发展一种超凡的技巧与能力，使你自己具有更强大的生存力量，从而进入卓越员工的行列。

社会在发展，公司在成长，个人的职责范围也随之扩大。"这不是我份内的工作"再也不应该是你推脱的理由。当额外的工作分配到你头上时，不妨视之为一种机遇。

提前上班，别以为没人注意到，老板的眼睛可是雪亮的。如果能提早一点到公司，就说明你十分重视这份工作。每天提前一点到达，可以对一天的工作做个规划，当别人还在考虑当天该做什么时，你已经走在别人前面了！

如果不是你的工作，而你做了，这就是机会。有人曾经研究为什么当机会来临时我们无法把握，因为机会总是乔装成"问题"的样子。当顾客、同事或者老板交给你某个难题，也许正是为你创造了一个珍贵的机会。对于一个卓越的员工而言，公司的组织结构如何，谁该为此问题负责，谁应该具体完成这一任务，都不是最重要的，在他心目中惟一的想法就是如何将问题解决。

如果你一直坚持"每天多准备百分之一"，你会发现它能给你带来巨大的收获。

对艾伦一生影响深远的一次职务提升就是来自这样的一件小事。

一个星期六的下午，一位律师(其办公室与艾伦的同在一层楼)走进来问他，哪儿能找到一位速记员来帮忙，因为他手头有些工作必须当天完成。

艾伦告诉他，公司所有速记员都去观看球赛了，如果晚来5分钟，自己也会走。但艾伦同时表示自己愿意留下来帮助他，因为"球赛随时都可以看，但是工作必须在当天完成"。

做完工作后，律师问艾伦应该付他多少钱。艾伦开玩笑地回答："哦，既然是你的工作，大约1000美元吧。如果是别人的工作，我是不会收取任何费用的。"律师笑了笑，向艾伦表示谢意。

艾伦的回答不过是一个玩笑，他没有真正想得到1000美元。但出乎艾伦意料，那位律师竟然真的这样做了。6个月之后，在艾伦已将此事忘到九霄云外时，律师却找到了艾伦，交给他1000美元，并且邀请艾伦加入到自己公司工作，薪水比现在高得多。

另一位成功人士的经历也是如此。他说：

50年前，我开始踏入社会谋生，在一家五金店找到了一份工作，薪水仅仅可以勉强糊口。有一天，一位顾客买了一大批货物，有铲子、钳子、马鞍、盘子、水桶、箩筐等等。这位顾客过几天就要结婚了，提前购买一些生活和劳动用具是当地的一种习俗。货物堆放在独轮车上，装了满满一车，骡子拉起来也有些吃力。送货并非我的职责，而完全是出于自愿，我为自己能运送如此沉重的货物而感到自豪。

一开始一切都很顺利，但是，一不小心车轮陷进了一个不深不浅的泥潭里，使尽吃奶的劲都推不动。一位心地善良的商人驾着马车路过，用他的马拖起我的独轮车和货物，并且帮我将货物送到顾客家里。在向顾客交付货物时，我仔细清点货物的数目，一直到很晚才推着空车艰难地返回商店。我为自己的所作所为感到高兴，但是，老板却并没有因我的额外工作而称赞我。

第二天，那位商人将我叫去，告诉我说，他发现我工作十分努力，热情很高，尤其注意到我卸货时清点物品数目的细心和专注。因此，他愿意为我提供一个职位，薪水是当时足以使我晕倒的天文数字。我接受了这份工作，并且从此走上了致富之路。

不要为多付出的那一点，斤斤计较。人的能力是无限的，你完全可以多想想"我还能做些什么？"一般人认为，忠实可靠、尽职尽责完成分配的任务就可以了，但这还远远不够，尤其是对于那些想成为卓越员工的人来说更是如此。要想取得成功，必须多做些准备。一开始我们也许从事秘书、会计和出纳之类的事务性工作，难道我们要在这样的职位上做一辈子吗？卓越者之所以卓越，正是因为他们除了做好本职工作以外，还要做一些不同寻常的事情来培养自己的能力，引起人们的关注。

如果你是一名货运管理员，也许可以在发货清单上发现一个与自己的职责无关的未被发现的错误；如果你是一个过磅员，也许可以质疑并纠正磅秤的刻度错误，以免公司遭受损失；如果你是一名邮差，除了保证信件能及时准确到达，也许可以做一些超出职责范围的事情……这些工作也许不是你的事，是专业技术人员的职责，但是如果你做了，就等于播下了成功的种子。

你要坚信这个道理：付出的总会有回报。也许你的投入无法立刻得到相应的回报，也不要气馁，应该一如既往地多付出一点。回报可能会在不经意间，以出人意料的方式出现。你付出的努力如同存在银行里的钱，当你需要的时候，它随时都会为你服务。

记住了吗？每天多准备百分之一！

把每一件简单的事做好就是不简单；把每一件平凡的事做好就是不平凡。

◎ 准备的程度，决定着你前进的距离

走在最前面的，总是那些有准备的人。

不管你是否承认，现在的社会已经成为一个处处存在着竞争的社会。在这个大环境下，只有有准备的人才能脱颖而出，只有有准备的企业才能走在前面。

两个人走在森林里，遇到了一只老虎。其中一个人马上从背后取下一双更轻便的运动鞋换上。另外一个人非常着急，喊道："你干嘛呢，再换鞋也跑不过老虎啊！"

换鞋的人却喊道："我只要跑得比你快就行了。"

这个换鞋的人是非常聪明的，他知道，在两个人竞争只有一个人有活命机会的时候，只有跑在前面的人才能获得生存的机会，这就需要给自己准备一双便于奔跑的鞋。

在企业"新陈代谢"之前做好充分的准备

在企业新陈代谢之前做好充分的准备，这是保持基业长青所必需的手段。

对于一个企业来说，高层管理者的突然变动往往会对企业造成很大的影响。骤然失去将军的队伍可能会变得军心涣散，人心惶惶，而没有得力的管理者的企业就会出现各个方面的问题，包括企业利润下滑甚至倒闭破产。因此，企业提前做出相应的人力资源准备，无疑是最明智的做法。

2004年4月19日，麦当劳CEO坎塔卢波因心脏病突发而去世。彼时，麦当劳的全球加盟商大会正要开幕，1.2万名麦当劳员工、供应商和全球加盟商汇聚一堂，等待着坎塔卢波的出现。

紧要关头，领袖猝死，这样的突变对一个公司可能产生致命的打击。不过，由于董事会和坎塔卢波生前所做的准备，麦当劳经受住了这场打击而且表现尚佳。

坎塔卢波是麦当劳的第五任CEO，了解坎塔卢波的人说，他对于公司内部管理的丰富知识使他成为最优秀的CEO之一。

死讯传出，董事会迅速召开。在6个小时之后便作出决定：查理·贝尔被指定为首席执行官的继任者。这个43岁的澳洲人是坎塔卢波生前亲自选定的首席运营官，他也早已被麦当劳内部视为CEO的当然接班人。这名麦当劳内部培养出的管理者15岁时就加入了麦当劳，从麦当劳帝国的最基层一步步走过来的经历让贝尔熟悉麦当劳的所有业务，包括如何加热一只汉堡。

在奥兰多大会上，查理·贝尔出现在坎塔卢波的位置上，他宣布了前任的死讯，并代替坎塔卢波向大会致词。麦当劳的成员和同盟表现出了相当的镇定，因为贝尔的接任本是意料中的事。在过去的几年中，贝尔的表现也已显示出他出色的管理和运营能力，贝尔的适时继任则让麦当劳轻松地化解了因突然失去领袖而陷入的恐慌。由此可见，坎塔卢波生前的准备工作成效现在开始显现了。

一项全美的人力资源调查显示，人力资源危机目前已成为困扰企业最大的问题，大多数企业都不知不觉地在这方面埋下了隐患。

在一个原始森林里，执掌森林王国的狮王渐渐衰老了，狐狸劝它赶快给这个王国指定一个接班人，以免当它出现什么意外的时候无接班人能够控制局势。狮王对这个建议非常恼火，认为狐狸一定有什么不可告人的目的，狠狠地把它惩罚了一顿。于是，再也没有谁敢在狮王面前提类似的建议了。

一天，森林王国召开联欢会，猴子向狮王表演了一段新编的舞蹈，它那滑稽的动作把狮王逗得哈哈大笑，好像病痛也减轻了几分。

但是，随着身体状况逐渐衰老，狮王已经不能再管理森林王国的日常事务了。环顾四周，它突然发现身边连一个可以委以重任的动物都没有。现在，它开始后悔没有早听狐狸的话了。森林王国不能没有管理者，无奈之下，狮王只得把王位留给了那只会跳舞的猴子，毕竟，这是狮王印象最深的动物了。

猴子登上王位以后，闹了不少笑话。它熟悉的生活是在一棵又一棵树之间跳来跳去，现在让它管理整个王国，比要了它的命还难受。一没有能力，二没有权威，猴子掌管下的王国乱成了一锅粥，最终被邻近的其他王国吞并了。

狮子真糊涂，猴子怎么能当大王呢？自己辛辛苦苦建立的王国，就这样毁在了接班人手里。如果在身体还健康的时候，狮子就重视这个问题，早点物色和培养真正具有潜质的动物，即早做准备的话被吞并的灾难也就不会发生了。

一个企业的管理者决定着这个企业的命运，关乎企业的生死存亡，所以每个现任的管理者都会对寻找下一位接任者非常重视。但仅仅是重视是不够的，还要有充足的考查准备过程才能真正了解一个人适合不适合领导这个企业。许多企业都存在着欠缺处理人力资源危机的能力，仅有少数企业能注重准备培养高层管理人员的"接班人"。

在选择"接班人"这个问题上，美国的GE公司和王安计算机公司不同的命运值得人们深思。

GE公司光辉业绩的主要创造者是执掌GE公司的董事长、总裁要职长达18年之久的杰克·韦尔奇。

现在已被无数企业家奉为圭臬的杰克·韦尔奇无疑是有能力的，但杰克·韦尔奇的启用和成功却与他的前任雷吉·琼斯有着千丝万缕的联系。

雷吉·琼斯花了7年的时间来物色和考察韦尔奇,这7年,任用韦尔奇,是GE公司历史上最成功的决策。这7年的遴选准备工作,为GE公司后来的成功奠定了基础,谱写了GE公司历史上最辉煌的乐章。

1974年,琼斯担任GE公司的董事长才3年,但他已经着手挑选自己的继任人了。这个时候他才57岁,离65岁退休还有8年的时间。但他的深思远虑促使他把挑选接班人的工作提到了议程,他想提早做出准备。

琼斯要找一位能让GE公司更加壮大的继任人,他认为经过先期的认真挑选与考查,一定会找到一个满意的接班人。

有了这样一个想法,琼斯开始了选择接班人的准备工作。对于继任人,琼斯的脑子里并没有一个现成的合适人选。于是,他要求人事部门给他准备一份名单。但他的要求被委婉地拒绝了,人事部门认为这至少也应该是10年之后的事情。在琼斯的强烈要求下,人事部门不得不提供了一份含有多名候选人的名单。这个时候,琼斯发现名单上少了一个应该有的人,那就是负责塑料企业的杰克·韦尔奇。

人事部门的人看法却不同,他们说韦尔奇好闹独立,为人特别,而且当时只有39岁,太嫩了点。在这种时候,琼斯只得以命令的方式把韦尔奇加入到候选人的圈子里。经过各种考虑,候选人最后减少到了11位,韦尔奇仍在其中。

经过3年的考察,各位候选人在琼斯心目中的形象也清晰了。为了进一步地了解候选人相互之间的印象和自己对他们的感觉,琼斯实施了他的"机舱面试"。

1978年元旦过后,他把候选人一个个请进了办公室,从谈话中了解有关候选人合作的可能性和对其他候选人的想法。每当一位候选人走进他的办公室时,琼斯都会把门关上,点上烟斗,示意交谈者放松。然后开始说出一个公式般的问题:"假设,你和我现在乘着公司的飞机旅行,这架飞机坠毁了,谁该继任GE公司的董事长?"

韦尔奇是怀着忐忑不安的心情在意料之外被召去接受"机舱面试"的。

根据要求，韦尔奇写下了3个董事长的候选人姓名，其中包括了后来成为他董事会和Tfantian.com(踢翻天电子书库)一员的胡德、伯林盖姆和他本人。

"谁最有资格？"琼斯问。

韦尔奇想都没想，说："这还用问吗？当然是我了。"

他们都忘了，这个时候，他已经和琼斯在旅行中"坠机遇难"了。这次谈话使琼斯对韦尔奇更加欣赏了。

3个月后，琼斯把候选人压缩到了8个人，并让他们接受了第二轮的"机舱面试"。当然，问题作了改变。

"这次，我们两个还是乘同一架飞机，但是，飞机坠毁后，我死了，而你却很幸运地活了下来。你说，谁该来做公司的董事长？"琼斯要求列出3名候选人。

这次，最令琼斯高兴的是，他最中意的3位候选人——韦尔奇、胡德和伯林盖姆，各自在3名董事长候选人的名单中都包含了另外两位。这时，他心目中的继任人已经选定了杰克·韦尔奇。

为了让董事会认识韦尔奇，他让韦尔奇、胡德和伯林盖姆都进入了董事会。

经过一段时间的考察，1980年11月，琼斯让人事部门提交了包括聪明才智、吃苦耐劳、自我管理、同情心在内的15项测评结果，韦尔奇的分数位居第一。这时，不仅琼斯，GE公司的其他19名董事都同意推举韦尔奇为下一任GE董事长。继任后的韦尔奇使GE公司的业务蒸蒸日上，果然没有辜负琼斯的厚望。

相比之下，王安计算机公司的董事长王安在挑选接班人的问题上就犯了一个现在仍然有很多人在重复着的错误。

王安是美籍华人，自幼聪明非凡，先后就读于上海交通大学、哈佛大学，于1948年获哈佛博士学位。不久，他发明"磁芯记忆体"，大大提高了计算机的贮存能力。1951年，他创办王安实验室。1956年，他将磁芯记忆体的专利权卖给国际商用机器公司，获利40万美元。雄心勃勃的王安并不满足于安逸享乐，对事业的执着追求使他将这40万美元全部用于支持研究工作。1964年，他推出最新的用电晶体制造的桌上计算机，并由此开始了王安计算机公司成功的历程。

王安公司在其后的20年中，因为不断有新的创造和推陈出新之举，使事业蒸蒸日上。如1972年，公司研制成功半导体的文字处理机。两年后，又推出这种计算机的第二代，成为当时美国办公室中必备的设备。对科研工作的大量投入，使公司产品日新月异，迅速占领了市场。这时的王安公司，在生产对数计算机、小型商用计算机、文字处理机以及其他办公室自动化设备上，都走在了时代的前列。

至1986年前后，王安公司达到了它的鼎盛时期，年收入达30亿美元，在美国《幸福》杂志所排列的500家大企业中名列146位，在世界各地雇佣了3万员工。而王安本人，也以20亿美元的个人财富跻身美国十大富豪之列。

1985年以前王安公司的增长率一直都在35%以上，而到了1985年，增长率却突然降到了8%，利润萎缩到1600万美元，到了1990年王安公司不得不申请破产保护。王安公司的由盛至衰的原因是多方面的，但王安在选用接班人问题上没有长远准备是最大的原因。

本来王安是最主张唯才是举的，王安公司在鼎盛时期确实集中了美国一群最优秀的科技、管理人才。但王安毕竟受东方文化的影响比较深，在其快退休的时候，他却改变了主意，转而扶植自己的两个儿子，以实现将王安公司控制在王氏家族手中的愿望。在这一点上，可谓是王安的最大失误。

1986年，王安不顾众人的反对，断然将王安公司传给了自己的儿子王列，王列没有什么经商的才能，表现令人失望。

虽然大儿子不尽人意，但王安的家族观念还是没有改变，他又安排自己的另外一个儿子担任了公司的副总经理。这种人事上的变动，在企业内引起很大反映，王安手下的两名得力干将先后离去，他们都是在产品开发和销售上富有经验的人。一大批高层管理人员也纷纷效法，另谋高就，企业凝聚力大减。

王列掌管下的公司很快衰败，出现亏损，两年后亏损额达到4.2亿美元，负债10亿美元，王安这时才认识到问题的严重性。为了挽救局面，他不得不亲自出面让儿子辞职，另选贤人。但为时已晚，公司处境继续恶化，到1990年不得不申请破产保护，王安本人也于同年病逝。

可以说，王安博士对公司的发展缺乏长远的眼光与准备，只局限于家族的小圈子里，最终走向了衰败。可以说，是对接班人准备的失误，导致了公司的失败。这和琼斯用7年时间选择自己接班人的谨慎态度形成了鲜明的对比，所以结局也有着天壤之别。

企业挑选接班人，是建立百年企业永续经营最重要的一个环节，是企业基业长青的保障。选对接班人，可以持续繁荣。就像GE电气公司一样，多年的准备挑选了接班人，使企业迅速跻身于世界前列之中。而仓促盲目地指定接班人，庞大的商业帝国就会烟消云散。这足以证明提前准备一个合格的接班人有多么重要。

就在不久前，国美电器董事长黄光裕向众多媒体公开表示："包括国美未来的CEO，我都在寻找。早在半年前就已开始寻找未来国美电器的高级管理人才，这些人选将在全球范围内寻找，不会有地域和国籍限制，就像国美开店没有限制一样！"

"21世纪什么最贵？人才！"这是影片《天下无贼》中的一句经典台词，不知大家在笑过之后有没有想到，连一个小偷都能考虑到为自己的"事业"提前准备好接班人，那我们还在等什么？

事前多一分准备，事后少一分风险

在很久以前，一个村庄的几头猪逃跑了。它们逃进了附近的一座山上。经过几代以后，这些猪变得越来越凶悍，甚至胆敢威胁经过那里的人。几位经验丰富的猎人很想捕获它们，但这些猪狡猾得很，从不上当。

一天，一个老人领着一匹拖着两轮车的毛驴，走进野猪出没的村庄。车上装的是木料和谷粒。老人告诉当地的居民，说他能捉到野猪。人们都嘲笑他，因为没有人相信老人能做到那些猎人做不到的事。但是，两个月以后，老人又回到村庄，告诉村民，野猪已经被他关在山顶的围栏里了。

人们都很好奇这个老人是怎么捕到这些猪的，于是他向居民解释：

"我做的第一件事，就是去找野猪经常出来吃东西的地方，然后就在空地中间放少许谷粒作为诱饵。那些猪起初吓了一跳，最后，还是好奇地跑来。一头老野猪尝了一口，其他野猪也跟着吃，这时我就知道能捕到它们了。第二天我又多加了一点谷粒，并在几尺远的地方竖起一块木板。那块木板像幽灵一样，暂时吓退了它们，但是谷粒很有吸引力，所以不久以后，它们又回来吃了。当时野猪并不知道，它们已经是我的猎物了。此后，我要做的就是每天在谷粒旁边多竖立几块木板而已，直到我的陷阱完成为止。每次我加几块木板时，它们都会远离一阵子，但最后都会再来吃。围栏做好了，陷阱的门也准备好了，不劳而获的习惯使它们毫无顾忌地走进围栏。就这样，它们成了我的猎物。"

经验丰富的猎人所做不到事情，被一个能够耐心做准备的老人做到了。看来，有些事情并不像我们想像的那样困难，关键是在行动之前，你都做了些什么。

近来一个比较时髦的概念就是战略，尤其对一些企业家来说，战略已经被提高到"决定成败"、"攸关输赢"、"改变命运"的高度。战略确实很重要，但是，再完美的战略在执行时也需要充分的准备来做基础，准备是战略能否实现的前提。

下面这个关于迪斯尼公司进军欧洲市场的案例，就充分地展示了准备和战略之间的关系。

当时，刚刚在美国和日本取得空前成功的迪斯尼公司制定了一个覆盖全球的总体战略，决定在欧洲修建一个大型的迪斯尼乐园。这是一个很大胆但又蕴藏着丰厚利润的战略，现在看来似乎并没有什么方向性的错误，但在实施这个战略时对准备的漠视却使迪斯尼公司遭遇了灭顶之灾。

由于之前在美国本土和日本取得的成功，迪斯尼的市场开发人员天真地认为，只要把现成的经营模式直接套用过去就行了，没有必要再去做什么市场调研，抓紧时间实施这一伟大的战略才是最重要的。

于是，他们很快就像公司的决策者们提供了一份激动人心的报告。新修建的迪斯尼乐园预计总投资44亿美元，占据巴黎以东2000多公顷的土地，建设超豪华的餐厅和宾馆……这份报告的依据是这样的：

欧洲的人口比美国要多得多，美国每年都有4100万人来光顾迪斯尼乐园，按同比例计算，新建的乐园每年应该接纳6000万游客才合理。同时，由于欧洲人休假的时间比美国人长，他们一定会在这里多停留一段时间，高档的宾馆和餐厅当然是必不可少的。

可惜，这一切只是他们天真的臆断而已，这些数字的计算并没有建立在充分的市场调研的基础上。没有准备的猜测只能把企业决策者的目光引向歧途。

新乐园建成以后，迪斯尼马上就遭受到忽视准备的惩罚。从1992年4月开业以来，尴尬的经营状况就使最善于制造幽默的他们再也幽默不起来了。

第一，他们没有预料到，富有的欧洲人竟然非常节俭。到乐园来的游客中，许多人自带食物，根本不在乐园吃住，他们对乐园的餐厅宾馆视而不见。就是住宾馆的人，也不像美国佛罗里达迪斯尼世界的游客那样，一住就是4天，他们最多只会住2天，许多游客一大早来到公园，晚上在宾馆住下，第二天早上就结账，然后再回到公园进行最后的探险。迪斯尼乐园的门票是42.25美元，宾馆一个房间一晚是340美元，相当于巴黎最高等级的宾馆价格。如此高昂的价格，让节俭的欧洲人望而却步。他们宁愿以减少游览时间来节约成本。这样，就形成了恶性循环。时间的缩短不仅使宾馆的收入减少了，同时也影响了其他部门的收入。

第二，他们不仅不了解欧洲人的节俭，更不了解欧洲文化。

最开始，迪斯尼公司禁止游客在乐园内饮酒，可是欧洲人午餐和晚餐都有喝酒的习惯，因为这个原因，使许多欧洲人放弃了参观计划。最后，迪斯尼公司只得被迫取消这个规定。

在经营时间上，他们因为没有进行必要的调查与研究，也出现了失误。他们盲目地认为，星期一应该比较轻松而星期五应该比较繁忙，所以就相应地安排了员工的工作时间与休息时间。但是因为欧洲人的作息时间与美国不同,所以情况却和预计的刚好相反。

另外,迪斯尼公司发现游客有高峰期和低谷期,而且两者间的人数相差10倍,但由于法国有关于非弹性时间的规定,他们不能在游客低谷期减少雇佣的员工,这样就大大地增加了费用支出。

还有,他们误以为欧洲人不吃早餐。一个迪斯尼的员工回忆说:"我们听说欧洲人不吃早餐,因此我们缩减了早餐的供应规模,可是我们却发现每个人都需要一份早餐。我们每天只准备350份早餐,但却有2500份的需求量,购买早餐的队伍排得好长。"一个如此大型的游乐园却因为早餐的供应而排起长长的队伍,这不能不说是一个重大的失误。

尽管迪斯尼乐园的欢声笑语每天都在重复着,尽管每个月都吸引近100万名游客来观光,尽管巴黎迪斯尼是欧洲人花费最大的游乐园,但是,原来想象中的利润却始终没有出现,反倒出现了一连串触目惊心的数字:

到1993年9月30日,迪斯尼乐园已经亏损了9.6亿美元。

到1993年12月底,累计已经损失了60.4亿法国法郎。

到第二年春天,迪斯尼公司不得不再筹借大量资金来挽救欧洲的迪斯尼乐园,但收效并不明显。

不仅如此,这个几近倒闭的乐园还面临着沉重的利息负担。44亿美元的总投资中仅有32%是权益性投资,有29亿美元是从60家银行贷来的,并且贷款利率高达11%。因此,企业已不能靠经营来弥补由于利率上升而增加的管理费用,与银行之间的债务重组、提供新贷款的交涉也变得十分艰难了。如此尴尬的境地,让迪斯尼公司进退两难。

就这样,一个原本被寄以厚望的宏伟战略因为市场开发人员对准备的忽视而宣告失败,这确实使人感到遗憾。

但是,这个战略的失败是它本身有多么严重的瑕疵吗?其实不然。要知道,任何能够成功实现的战略,都应该落实到实施时的准备工作当中。将所有的战略、决策、行动都建立在充分准备的基础上,这才是见效最快的管理理念。

要想让被淘汰的风险远离自己身边,唯一的办法就是多做些准备。

在任何一家企业和工厂，都有一些常规性的调整过程。公司负责人经常送走那些无法对公司有所贡献的员工，同时也吸纳新的成员。无论业务如何繁忙，这种整顿一直在进行着。那些已经无法胜任工作、缺乏才干的人，都被摒弃在企业的大门之外，只有那些最能干的人，才会被留下来。

这种被淘汰的风险，是我们每一个人都非常关注也都感到非常困惑的问题。应对这种风险最基本的方法就是准备，准备工作多做一分，相应的风险就会减少一分。这就要求我们无论对待任何事情都必须具有"万一……怎么办"的意识，做到凡事都未雨绸缪、预做准备，从而减少风险发生的几率。与之相对应的是，你所做的准备越少，承受的风险就会越大。这个道理在自然界早已得到了很好的印证。

在一望无际的大草原上，一匹狼吃饱了，安逸地躺在草地上睡觉，另一匹狼气喘吁吁地从它身边经过，焦急地说："你怎么还躺着，难道你没听说，狮子要搬到咱们这里来了，还不赶快去看看有没有别的地方适合咱们居住。"

"狮子是我们的朋友，有什么可怕的，再说这里的羚羊这么多，狮子根本吃不完，别白费力气了。"躺着的狼若无其事地说。那匹狼看自己的劝说没有效果，只好摇摇头走了。

后来，狮子真的来了，虽然只来了一只，但由于狮子的到来，整个草原上羚羊的奔跑速度变得快极了，这匹狼再也不像从前那样轻而易举就能获得食物了。当它再想搬到别处去时，却发现食物充足的地方早已经被其他动物捷足先登了。

这个故事告诉我们，危险无处不在，唯有踏踏实实地做好准备，才是真正的生存之道。否则，当你醒悟过来的时候，危险早已经降临到你的头上了。

也许有人会说，有些事情是我们个人的力量所无法控制的，对于这些事情，做再多的准备也没有用。我想提醒有这种想法的人，虽然你无法控制危险的发生，但可以凭借充分的准备来减少甚至避免危险所造成的损失。

就像遭遇到自然灾害一样，虽然你无力改变，但有没有准备的后果却截然不同。

在古老的地球上，生活着种类繁多的爬行动物，有恐龙，也有蜥蜴。一天，蜥蜴对恐龙说，发现天上有颗星星越来越大，很有可能要撞到我们。恐龙却不以为然，对蜥蜴说："该来的终究会来，难道你认为凭咱们的力量可以把这颗星星推开吗？"

灾难终于发生了。一天，那颗越来越大的行星瞬间陨落到地球上，引起了强烈的地震和火山喷发，恐龙们四处奔逃，但最终很快就在灾难中死去了。而那些蜥蜴，则钻进了自己早已挖掘好的洞穴里，躲过了灾难。

看来蜥蜴还是比较聪明的，它知道虽然自己没有力量阻止灾难的发生，但却有力量去挖洞来给自己准备一个避难所。

面对大的动荡或变革，人们的心态无非就是两种，一种是恐龙型的，一种是蜥蜴型的，但能够站在胜利彼岸的总是早有准备的蜥蜴型的人。

社会的发展、科技的更新使我们的工作和生活处在一种急速变革的时代，这种趋势是无法改变和逃避的。在这种情况下，如果你像恐龙一样不去做准备的话，被淘汰的命运就会降临到你的身上。就像下面要说的这个工人一样。

在某个钟表厂，有一位工作非常卖力的工人，他的任务就是在生产线上给手表装配零件。这件事他一干就是10年，操作非常熟练，而且很少出过差错，几乎每年的优秀员工奖都属于他。

可是后来，企业新上了一套完全由电脑操作的自动化生产线，许多工作都改由机器来完成，结果他失去了工作。原来，他本来文化水平就不高，在这10年中又没有掌握其他技术，对于电脑更是一窍不通，一下子，他从优秀员工变成了多余的人。

在他离开工厂的时候，厂长先是对他多年的工作态度赞扬了一番，然后诚恳地对他说："其实引进新设备的计划我在几年前就告诉你们了，目的就是想让你们有个思想准备，去学习一下新技术和新设备的操作方法。你看和你干同样工作的小胡不仅自学了电脑，还找来了新设备的说明书来研究，现在他已经是车间主任了。我并不是没有给你准备的时间和机会，但你都放弃了。"

新设备、新技术、新方法能帮助企业提高10倍速的工作效率,这种更新换代是谁也阻止不了的。但你有没有考虑过给自己的工作能力也进行更新,从而为这种变化做好准备呢?

在这种情况下,如果你不想被你的工作所淘汰,你就要有意识地多做准备,在工作中逐步提高自己的能力,而且这种提高的速度比环境淘汰你的速度要快。

多一分准备,少一分风险。你意识到了吗?

准备得越充分,对自己越有利

你去买水果,卖方开口就是高价的策略,比如市场价是8块,卖方开价12块,这个时候,不熟悉市场行情的你很有可能砍到10块,卖方心理窃喜,一边给你称水果,一边还郁闷地夸你会砍价,让你愉快地结束了这次购买。其实,在整个过程中,你一直被对方所操纵着。

你想寄一份快递,之前没有类似的经验,于是你给某家快递公司打电话,通过简单几句,对方摸出你是一个新手,于是骗你说要20元钱。你想了想,开始讨价还价,最后15元成交。当你为自己的谈判水平感到洋洋得意时,其实市场的行情也就8到10元而已,甚至更低! 只不过,你没有摸清楚行情。

如何才能避免被对方操纵呢? 在任何的谈判展开之前,准备得越充分,对自己越有利,对方就越难操纵你。

美国人就十分注重在行动前把目标方向了解清楚, 不主张贸然行动。所以,他们的生意成功率较高。

美国商人在任何商业谈判前都先做好周密的准备,广泛收集各种可能派上用场的资料,甚至对方的身世、嗜好和性格特点,使自己无论处在何种局面,均能从容不迫地应付。

一次, 一家美国公司与日本公司洽谈购买国内急需的电子机器设备。

日本人素有"圆桌武士"之称，富有谈判经验，手法多变，谋略高超。美国人在强大对手面前不敢掉以轻心，组织精干的谈判班子，对国际行情做了充分了解和细致分析，制定了谈判方案，对各种可能发生的情况都做了预测性估计。

美国人尽管做了各种可能性预测，但在具体操作方法和步骤上还是缺少主导方法，对谈判取胜没有十足把握。谈判开始，按国际惯例，由卖方首先报价。报价不是一个简单的技术问题，它有很深的学问，甚至是一门艺术。因为报价过高会吓跑对方，报价过低又会使对方占了便宜而自身无利可图。

日本人对报价极为精通，首次报价1000万日元，比国际行情高出许多。日本人这样报价，如果美国人不了解国际行情，就会以此高价作为谈判基础。但日本人过去曾卖过如此高价，有历史依据，如果美国了解国际行情，不接受此价，他们也有辞可辩，有台阶可下。

事实上美国人已经知道了国际行情，知道日本人在放试探性的气球，于是果断地拒绝了对方的报价。日本人采取迂回策略，不再谈报价，转而介绍产品性能的优越性，用这种手法支持自己的报价。美国人不动声色，旁敲侧击地提出问题："贵国生产此种产品的公司有几家？贵国产品优于德国和法国的依据是什么？"

用提问来点破对方，说明美国人已了解产品的生产情况，日本国内有几家公司生产，其他国家的厂商也有同类产品，美国人有充分的选择权。日方主谈人充分领会了美国人提问的含意，故意问他的助手："我们公司的报价是什么时候定的？"这位助手也是谈判的老手，极善于配合，于是不假思索地回答："是以前定的。"主谈人笑着说："时间太久了，不知道价格有没有变动，只好回去请示总经理了。"

美国人也知道此轮谈判不会有结果，宣布休会，给对方以让步的余地。最后，日本人认为美国人是有备无患，在这种情势下，为了早日做成生意，不得不做出退让。

美国人谈判成功就在于事先做足了准备，摸清了国际行情，当日本人试探性地想用高价操纵美国人之后，美国人并不直接砍价，而是旁敲侧击地告诉对方，日本国内还有其他几家公司都有同类产品，所以，你报出高价也没有用。

可见，在谈判中避免被对方操纵其实并不难，只需要像美国人一样提前准备充分即可。

◎ 不为明天做准备的人，永远不会有未来

要成为一名卓越的员工，就必须在明确了任务之后，对需要执行的每一步都做好准备。

一项工作可能需要许多步骤来完成，那么同样地，为这项工作所做的准备也需要按每个步骤来做。也就是说，你必须为自己的每一步都做好准备，从而确保每一步工作都能有效完成，并为最终完成整个工作做好准备，每一步的有效相加才能有最后的成果。

曾经有一位63岁的老人从美国的纽约市步行到了佛罗里达州的迈阿密市。于是，一位记者采访了他，记者想知道，遥远路途中的艰难是否曾经吓倒过他？他是如何鼓起勇气，徒步旅行的？

老人答道："其实很简单，我所做的就是朝着平坦的地方先走了一步，然后站稳，再朝着平坦的地方迈下一步，就这样，我就到了这里。"

现代企业中的职业人，每天要处理大量的工作，这对他们来说是一种考验。但要经受住这个考验，使自己游刃有余，不成为工作的奴隶，那他们就必须保证每一步工作的正确性。否则，一步错误就会使全盘工作乱套。那如何才能保证这一点呢？方法是像那位老人一样，有计划地一步一步地去工作，并为自己的每一步都做好准备。

只有为自己的每一步工作都做好准备，你才能使事情按你的预定轨道发展，并在问题或者危机出现之前就消灭它。你的充足准备可以让你从容

应对各种意外的出现,而不至于影响最终的结果。

所以,你必须首先制定一份详尽的计划,确定每一步应该怎么做,并且为每一步计划的顺利开展做足准备工作,这样才能保证计划落实到位,并向着目标一步步靠近。

现在,让我们一起分享一个小故事,或许它比一板一眼的说教更能使你领会到计划的重要性。

1976年的冬天,当时的迈克尔19岁,在休斯敦大学主修计算机。他是一个狂热的音乐爱好者,同时也具有一副天生的好嗓子,对于他来说,成为一个音乐家是他一生中最大的目标。因此,只要有多余的一分钟,他也要把它用在音乐创作上。

迈克尔知道写歌词不是自己的专长,所以又找了一个名叫凡内芮的年轻人来合作。凡内芮了解迈克尔对音乐的执着。然而,面对那遥远的音乐界及整个美国陌生的唱片市场,他们一点渠道都没有。

在一次闲聊中,凡内芮突然从嘴里冒出了一句话:

"What are you doing in 5 years?"(想象你5年后在做什么)

迈克尔还来不及回答,他又抢着说:"别急,你先仔细想想,完全想好,确定了再告诉我。"迈克尔沉思了几分钟,开始说:"第一,5年后,我希望能有一张唱片在市场上,而这张唱片很受欢迎,可以得到大家的肯定;第二,5年后,我要住在一个有很多很多音乐的地方,能天天与一些世界一流的音乐家一起工作。"

凡内芮听完后说:"好,既然你已经确定了,我们就把这个目标倒过来看。如果第五年,你有一张唱片在市场上,那么你的第四年一定是要跟一家唱片公司签上合约。那么你的第三年一定是要有一个完整的作品,可以拿给很多很多的唱片公司听,对不对?那么你的第二年,一定要有很棒的作品开始录音了。那么你的第一年,就一定要把你所有要准备录音的作品全部编曲,排练好。那么你的第六个月,就是要把那些没有完成的作品修饰好,然后让你自己可以一一筛选。那么你的第一个月,就是要把目前这几首曲子完工。那么你的第一个礼拜,就是要先列出一个清单,排出哪些曲子需要修改，哪些需要完工。"

凡内芮一口气说完了上述的这些话，停顿了一下，然后接着说："你看，一个完整的计划已经有了，现在你所要做的，就是按照这个计划去认真地准备每一步，一项一项地去完成，这样到了第五年，你的目标就实现了。"

说来也奇怪，恰好是在第五年，1982年时，迈克尔的唱片开始在北美畅销起来，他一天24小时几乎都忙着与一些顶尖的音乐高手在一起工作。

这中间的道理大家应该都明白了：不管做什么事情，光有目标还是不够的，必须有一个详细的计划，然后把计划中的每一步准备好，接下来的事情就很简单了，只要一步一步地去完成就行了。当你把最后一步完成的时候，你就会发现，目标已经实现了。

但是，我们在执行计划时常常难免会被各种琐事、杂事所纠缠。有不少人由于没有掌握高效能的准备方法，而被这些事弄得筋疲力尽，心烦意乱，总是不能静下心来去做最该做的事，或者是被那些看似急迫的事所蒙蔽，根本就不知道最应该做的事是什么。结果白白浪费了时间和精力，致使执行效率不高，效果不显著。

上述的这种情况曾经是伯利恒钢铁公司总裁舒瓦普感到非常头疼的事，他请来了效率专家李·艾米对企业进行诊断。

总裁介绍说："我们都知道自己的目标和计划，但不知怎样才能更好地执行。"

李·艾米表示让他与公司每位经理谈5分钟，他即可改善公司的工作效率，增加公司的销售额。舒瓦普问："我要花多少钱？"

李·艾米说："您不用马上给我钱，等你认为有效果了，你觉得该值多少钱，寄张支票给我就行了。"

舒瓦普同意了，于是李·艾米与每位经理都谈了5分钟。谈话的内容很简单，专家只要求他们在每日工作终了时，将次日需要完成的6件最重要的工作写下来，并依重要性顺序编号。次日早晨从表上的第一件工作开始，每完成一项便将它从表上划去，若有当日没完成的工作，则必须列入次日的表中。每位经理需切实执行3个月。

整个会见历时不超过1个小时。几个星期之后，李·艾米收到了一张3万美元的支票和一封信。舒瓦普在信中说，从钱的观点上看，那是他一生中最有价值的一课。

看来，李·艾米也给我们上了一课，他使我们意识到，在你开始每天、每周、每月甚至每年的工作之前，一定要清楚在这期间你要做的最重要的事是什么，并把它清清楚楚地列出来。这样的准备工作才是最有效的。

如果你不知道怎么区别重要的和次要事务的话，我还可以告诉你一个简单的判断方法那就是请你想一想，你将要做的这件事，是否会使你离目标更近。

让准备成为一种习惯吧，它会使你受益无穷！

不为明天做准备的人永远不会有未来。